S

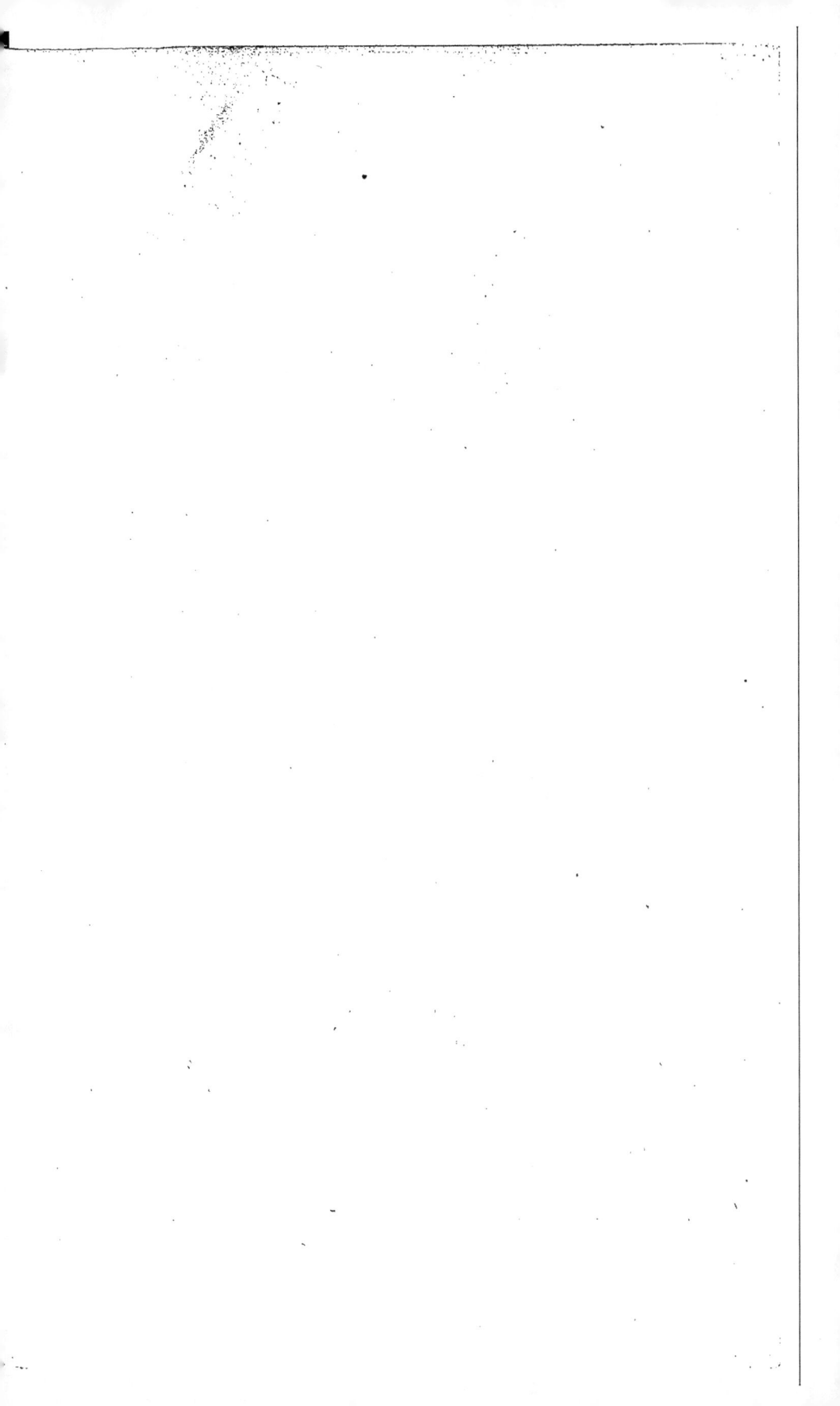

Publication de la Banque du Crédit Agricole.

TRAITÉ ÉLÉMENTAIRE

D'AGRICULTURE

THÉORIQUE ET PRATIQUE

A L'USAGE DES CULTIVATEURS

Par M. DEBAIL.

(EXTRAIT DE LA REVUE *LE CRÉDIT*.)

PRIX : 2 FRANCS.

PARIS

1860

SOMMAIRE DES PRINCIPAUX ARTICLES DE FONDS

Publiés par le CRÉDIT.

Prix de chaque numéro : 25 centimes.

PUBLICATION

DE LA

BANQUE DU CRÉDIT AGRICOLE

TRAITÉ ÉLÉMENTAIRE D'AGRICULTURE

THÉORIQUE ET PRATIQUE.

EXTRAIT DE LA REVUE LE CRÉDIT.

(Prime aux Abonnés nouveaux.)

Prix : 2 francs.

PARIS
AU BUREAU DE L'ADMINISTRATION,
RUE NEUVE-DES-MATHURINS, 18.
1858

1859

LE CRÉDIT

REVUE AGRICOLE

PUBLIE

DOUZE LIVRAISONS PAR AN.

Abonnement : **3** Francs.

Les Abonnés du *Crédit* recevront, à titre de prime,

le **Traité élémentaire d'Agriculture théorique et pratique**,

publié dans cette Revue.

AGRICULTURE.

Connaissance du sol.

Nous reprenons, sous une autre forme, les publications sur l'agriculture élémentaire, théorique et pratique, qui ont successivement paru dans la Revue *Le Crédit*. Ce sujet a été l'objet de nos premiers travaux, de nos premières études, et nous avons vécu avec ceux auxquels nous nous adressons. Désireux de leur être utile autant qu'il dépend de nous, nous comptons sur la bienveillance de tous et sur les conseils de ceux qui ont plus d'expérience que nous-mêmes.

L'agriculture est l'art de cultiver la terre, de lui faire produire toutes les récoltes avec abondance, et d'en retirer un bénéfice avantageux sur les frais de culture. Comme art, elle exige des connaissances, et comme culture, des travaux et la possession des moyens d'exécution. Nous les obtenons, ou nous les augmentons chaque jour par l'étude, l'activité et l'économie.

L'action agricole s'étend aux trois règnes de la nature, minérale, végétale et animale ; c'est là son empire. Au commencement, la puissance sur la terre, pour la rendre féconde par son travail et son industrie, a été donnée à l'homme, avec les animaux domestiques pour aider son labeur, et toutes les richesses de la production animale et végétale, lui ont été promises en récompense de son travail et de ses soins.

Le cultivateur n'a pas été le plus mal partagé par la libéralité divine, car, en recevant la puissance sur la terre minérale et sur les animaux domestiques, pour produire les végétaux , il recevait la délégation providentielle de pourvoir à la nourriture des populations, de fournir les matières premières qui servent à les vêtir, à les loger et à leur procurer du travail en alimentant leur industrie, leur commerce et leur navigation.

L'agriculture est donc la première base de la vie sociale, la source du bien-être matériel et la vraie richesse des peuples. Ceux qui la délaissent, restent partout à l'état sauvage et misérable ; ceux qui s'y livrent, au contraire, et la tiennent en honneur, sont partout heureux et puissants, en raison de l'intelligence qu'ils lui consacrent et de la protection qu'ils lui accordent.

La partie du travail agricole qui ne demande que des forces et des sueurs est principalement du domaine des animaux, des instruments et des machines que l'homme doit diriger. Celui qui ne cultiverait la terre qu'avec ses propres forces, ne récolterait que bien péniblement une maigre nourriture n'excédant point ses besoins ; il perdrait ainsi la noble mission qu'il a reçue du créateur, pour tomber bientôt au même rang que l'animal. C'est surtout par notre intelligence que nous devons travailler la terre, conduire les animaux, cultiver les plantes et récolter les produits qui en proviennent.

Cette fonction intellectuelle exige un concours obligé de connaissances agricoles, dont la première est celle du sol cultivé, afin de le pouvoir traiter selon sa composition, ses propriétés, sa consistance, son exposition et les fonctions de chacune de ses parties.

Toute terre labourable est composée de terre végétale, de terre minérale et d'un terrain appelé sous-sol. Les premières, plus ou moins mêlées ensemble, se trouvent à la surface et en communication directe avec l'atmosphère ; la troisième, terre minérale pure, soutient les deux autres et se trouve plus immédiatement en contact avec les couches inférieures du sol.

La terre végétale provient de débris décomposés de plantes et d'animaux de toute sorte, que la suite des temps a naturellement déposés sur la terre ou que la main de l'homme y a successivement apportés comme amendement et engrais, ou laissés en suite de ses récoltes.

La terre minérale, au contraire, provient de la masse du globe terrestre, d'où elle a été détachée, par le courant des eaux et les accidents atmosphériques, à l'état de parcelles accumulées, plus ou moins solides ou déliées, et de trois natures différentes qui sont : l'*argile*, ou la glaise, le *calcaire*, ou la pierre à chaux, la *silice*, ou le sable.

Le terrain sous-sol, n'est autre chose que de la terre minérale, appartenant à l'une ou à plusieurs de ces trois natures, ou à toutes trois ensemble et n'ayant jamais été remuée par la charrue.

Tout cultivateur connaît à la première vue ces différentes sortes de terres. Par elle-même la terre végétale est douce, légère, sans adhérence, et d'une couleur foncée. L'argile se compose d'un grain très-fin et d'une très-grande compacité ; sa couleur varie, mais généralement elle est d'un jaune grisâtre. Le calcaire, s'il n'est plus à l'état pierreux, est friable, il a moins de compacité que l'argile, et sa couleur est plus blanche. La silice a le grain plus gros, plus rude et très-délié, sa couleur varie selon les contrées et la roche d'où elle provient.

La composition du sol étant donnée, déterminons les propriétés de ses différentes parties, par rapport aux autres éléments qui, avec la terre, concourent aux phénomènes de la végétation, tel que l'eau, l'air, la lumière et la chaleur.

Le limon, la terre végétale cultivée, ont la propriété, par leur couleur, la finesse et le peu de tenacité de leurs parties, de se laisser pénétrer par les fluides et les liquides, de les absorber et de les évaporer facilement lorsqu'ils excèdent leurs besoins, ce qui augmente la richesse de leurs principes fertilisants et en fait la terre par excellence en agriculture.

L'argile, au contraire, par la compacité de ses parties, ne laisse à ces éléments qu'un accès difficile et très-lent ; une fois imprégnée d'eau, elle fait la même résistance à leur infiltration et à leur évaporation, et reste ainsi très-longtemps, ou en excès de sécheresse, ou en excès d'humidité, au point de ne pouvoir être cultivée que très-difficilement, ce qui la rend presque stérile. Le calcaire et le sable, à cause de leur propriété opposée, sont ses amendements naturels.

La silice est tellement poreuse dans les parties qui la composent, que les éléments fluides et liquides la traversent en un instant en lui laissant à peine un principe d'humidité ; elle s'échauffe facilement et se refroidit de même en excès, de manière que les plantes ne peuvent y vivre et s'y développer que sous l'influence d'une température exceptionnelle : son amendement indispensable est principalement l'argile, qui remplit l'intervalle de ses grains.

Le calcaire a des propriétés diverses, selon l'état de division où il se trouve dans le sol ; il est sec par sa nature et le rayonnement que sa couleur blanche produit sur les plantes, en augmente encore le mauvais effet pour leur végétation ; il s'amende très-bien par l'argile mêlée à un peu de silice.

Ainsi, la terre végétale contient tout les principes fécondants. Les trois parties de la terre minérale séparées, sont impropres à la végétation ; combinées, elles forment un tout excellent, qui n'a pas de fertilité par lui-même, mais qui est très-bien disposé pour en procurer au sol, pour la culture et les engrais, comme nous l'établirons dans des articles spéciaux.

A ces connaissances fondamentales de la terre, viennent se rattacher relativement celles du climat et de la position du sol.

Le climat s'entend d'un ensemble de circonstances atmosphériques, qui détermine l'intensité de la chaleur ou du froid ; la fréquence ou la rareté des pluies, des vents, des orages, etc., par rapport à une contrée, à une exposition du sol ou à un abri quelconque. La position résulte du niveau ou des pentes plus ou moins rapides du terrain, qui occasionnent le séjour ou l'écoulement des eaux, indépendamment des propriétés naturelles du sol.

Les fortes pentes se prêtent peu à l'infiltration des eaux vers l'intérieur et elles accélèrent leur chute à la surface, au point que, les engrais et toute la terre végétale, peuvent se trouver entraînés avec elles et enlever ainsi toute fertilité au sol. Les pentes douces ont pour effet, de faciliter l'écoulement des eaux trop abondantes, sans préjudicier au sol et contribuent à l'assainir lorsque son principe minéral dominant est argileux. Les terrains plats évacuent difficilement leurs propres eaux ; ils sont susceptibles de recevoir encore toutes celles qui s'écoulent des pentes voisines, et ont souvent à souffrir de leur abondance et de leur séjour trop prolongé, si leur sous-sol n'est pas assez perméable, ou si des voies d'écoulement ne leur sont pas suffisamment ménagées, par la culture qui leur convient.

Par la connaissance de ces principes et de ces causes, il devient très-facile à un cultivateur de diriger avec intelligence et profit, ses amendements, ses labours, ses engrais et ses ensemencements sur toute son exploitation, comme nous le démontrerons dans la suite de cette revue, en traitant de ces diverses opérations de l'agriculture. Terminons cet exposé préparatoire en indiquant les fonctions que chaque nature de terrain remplit dans la production végétale.

Le sous-sol supporte toute la masse de terre cultivée, et l'empêche, par sa solidité, de se perdre dans les couches qui ne le sont pas ; il est de plus, un réservoir d'humidité et de chaleur où la plante puise et par où elle évacue son superflu.

Par l'action combinée de la chaleur et de l'humidité, la terre minérale décompose les fumiers et les engrais du sol, les élabore et les digère pour les plantes. Sa fonction est à la vie végétale, à peu près ce que l'estomac est à la vie animale.

La terre végétale, composée de débris d'animaux et de végétaux, de fumiers, d'engrais et de limon, comme nous l'avons dit, forme, avec l'eau, la substance de l'alimentation des plantes ; c'est leur nourriture, c'est la richesse du sol, c'est l'abondance des moissons. Les amendements et la culture ne la remplacent point, ils la mettent en œuvre et ne font que concourir avec elle. On conçoit, dès lors, que plus les engrais sont abondants, de bonne qualité, bien préparés et convenablement distribués au sol, selon sa nature et les préférences de la plante cultivée, plus aussi, les récoltes sont belles et profitables au cultivateur, qui emploie ses fumiers et dirige ses cultures en parfaite connaissance de cause.

C'est de ces connaissances que procède l'étendue de la puissance donnée à l'homme sur la terre, pour la végétation des plantes et l'accroissement des animaux ; le secret de leur vie est resté dans les mains de Dieu ; lui seul est le maître de la vie et de la mort, et toute la science humaine ensemble ne peut ni donner l'une ni empêcher l'autre sur rien de créé. Nos facultés, nos actions et notre part de puissance, s'exercent dans le domaine de Dieu ; nous le trouvons partout présent dans la nature, et nous ne faisons rien de bien que par l'observation constante et la pratique régulière de ses lois souveraines. Nous sommes comme ses ouvriers ici bas. Son intelligence infinie éclaire notre intelligence bornée, tandis que la prodigalité de ses dons multipliés, ravit nos cœurs et nous élève dans son amour, si nous savons sentir, voir et comprendre.

Par une réciprocité admirable, la terre vient payer de ses plus riches moissons, le travail intelligent que l'homme lui a donné ; les animaux apportent leurs forces et leur fumier à la terre, au profit de la culture et de la nourriture des plantes, et les plantes croissent abondantes et variées, pour nourrir et engraisser les animaux. Dieu donne au cultiva-'teur la force physique, l'intelligence de l'esprit, les affections du cœur, la propriété et la puissance sur la nature minérale, végétale et organi-que, et il les lui rend par son culte, par ses vertus et sa moralité. Ces actes surnaturels le séparent des animaux et le rapprochent de Dieu : cultivés dans cette vie, ils en font la considération et le bonheur, pour enfin se moissonner dans l'autre en richesses surabondantes et im-périssables.

Amendement minéral du sol.

Comme nous l'avons établi, l'action de l'agriculture embrasse tout ensemble les trois règnes de la nature minérale, végétale et animale, les fertilisant l'un par l'autre au profit de l'homme, et l'homme les résumant tous, les reportant incessamment à Dieu par une destination particulière avec les facultés exceptionnelles dont il est investi.

La première chose qui demande l'action du cultivateur, dans ce grand domaine de la nature, créé avant lui et pour lui, est le traitement de la terre minérale pour la modifier dans le sens le plus favorable à la végé-tation ; cette modification s'appelle amendement. Toute opération qui apporte au sol cultivable un principe minéral qu'il ne contient pas suf-fisamment, qui lui donne des propriétés nouvelles et augmente ses qualités fertilisantes, lui est un amendement.

Les amendements sont de plusieurs natures et s'opèrent de plusieurs manières, selon les besoins du sol, les ressources qu'il présente et les moyens dont on peut utilement disposer, par la terre minérale et végé-tale, par les stimulants et le labourage, par les irrigations et les voies d'écoulement, et enfin, par les fumiers et les engrais.

Ces opérations ont toutes pour objet de faire acquérir à la terre les propriétés digestives et fertilisantes, indispensables à toute bonne cul-ture ; elles augmentent la valeur du sol et le rendent plus facile à ul-tiver ; elles multiplient le rendement et accroissent la valeur des pro-duits ; elles sont donc nécessaires et avantageuses. Mais lorsqu'on ne peut pas les pratiquer d'une manière satisfaisante et lucrative sur un sol, il vaut mieux répartir son travail et son fumier en excédant sur un autre terrain mieux constitué. Plus on donne à celui-ci et mieux il rend, tandis que celui-là reste ingrat, perd une partie des engrais, fait manquer son effet à l'autre, et ne récompense point suffisamment le cultivateur des dépenses de culture et d'engrais qu'il peut faire pour lui.

Pour se guider dans la connaissance de la bonne ou mauvaise constitution du sol, connaître la nécessité d'une modification et la nature de l'amendement qui lui convient, il faut d'abord savoir de quelles parties il se compose. Pour cela, lorsque l'aspect, la couleur et les propriétés du sol ne suffisent pas, on prend une poignée de terre, et en la divisant dans les mains, on peut apprécier la quantité d'argile, de calcaire et de silice qui s'y trouve, remarquer celle qui domine et celles qui y sont en moindre quantité. Si on veut la composition d'une manière plus exacte, il suffit de bien délayer cette poignée de terre avec une quantité d'eau convenable, dans un vase quelconque, et de laisser le tout tranquillement déposer jusqu'à ce que l'eau soit redevenue claire ; la pesanteur opère la division, après l'eau se trouvera la terre végétale, puis l'argile, le calcaire, et au fond la silice et les graviers ; l'épaisseur relative de chaque couche, donnera surement les quantités qui s'y trouvent et fera remarquer les parties absentes.

Dans cette opération, si le principe calcaire existe dans le sol à l'état fin et très-délié, il pourra arriver qu'on ne le recueille que mélangé au principe argileux ; pour s'en assurer, après avoir fait bien sécher cette partie de terre, on répandra dessus un peu de bon vinaigre, qui y produira une effervescence s'il contient du calcaire, et restera sans cuisson aucune, s'il ne contient que de l'argile.

Les diverses parties de terre minérale composant le sol, une fois reconnues, on traitera l'amendement d'une terre argileuse en lui donnant de la marne et du sable, selon que les deux principes en seront plus ou moins absents ; on traitera une terre calcaire en y apportant de l'argile et de la silice, et une terre siliceuse en y ajoutant de l'argile et de la marne, de manière à changer la nature de la terre dominante pour lui faire acquérir, en partie, la nature et les propriétés de celles qui lui sont en amendement. Les quantités de terre amendantes à donner au sol à amender ne peuvent être indiquées ici, parce qu'elles doivent être variables suivant leurs quantités existantes et leurs qualités réciproques ; mais nous pensons qu'il vaut mieux, d'abord, procéder par quantités insuffisantes, étudier leur effet et continuer ensuite l'amendement pendant plusieurs années successives, jusqu'à ce que les terres plastiques soient devenues assez meubles, que les terres légères soient consolidées et que les terres poreuses aient pris assez de consistance relative, pour constituer un sol parfait.

Les amendements purement minéraux dont on peut se servir sont : *le sable, l'argile ordinaire, l'argile calciné et les marnes;* après eux, viennent les amendements minéraux, dits assimilables, qui nous occuperont prochainement.

Le sable d'abord, comme amendement, se distingue sous plusieurs qualités : il est siliceux, calcaire, argileux ou salin, selon sa provenance, sa pureté ou la quantité des autres principes qui peuvent se trouver avec lui dans ses gisements. Naturellement, le sable simple a moins de qualité pour l'amendement que ceux qui forment un composé, et celui qui en a le plus doit être le sable de mer, parce que, avec ses principes salins, il contient encore des débris calcaire et des matières organiques en décomposition, qui sont amendements et engrais.

Dans plusieurs contrées, on se sert des courants d'eau pour amener le sable sur les terrains argileux qu'il s'agit d'amender; c'est le moyen le plus facile et le plus économique; lorsqu'il n'est pas possible, il faut fouiller les couches inférieures du sol argileux, jusqu'à une certaine profondeur, pour chercher du sable et le répartir à la surface de la terre d'une manière suffisante et aussi égale que possible. Si le sol n'en contient pas, comme il deviendrait trop coûteux de l'y apporter de loin, il faut en mêler, dans les écuries, aux fumiers que l'on destine aux champs qui en sont privés, et, s'il arrive qu'aucun de ces moyens ne soit praticable, et que la marne sablonneuse manque aussi sur les lieux, on y peut suppléer par l'argile calciné.

En Angleterre, où l'agriculture est très-avancée, et où, par conséquent, on comprend toute l'importance des amendements, on se sert de fours construits exprès, pour opérer la calcination de l'argile; on le distribue ensuite sur le sol à raison de 300 hectolitres par hectare; on en obtient des résultats immédiats à chaque récolte, et la terre finit par se trouver complètement amendée. Toutefois, nous pensons qu'il est plus économique d'opérer la calcination de l'argile sur place, par la méthode dite *Écobuage,* qui est assez connue et pratiquée en France, pour que nous soyons dispensés d'entrer dans les détails de cette opération, avantageuse surtout sur les terres argileuses riches en débris de racines ou recouvertes de plantes nuisibles qu'elle détruit et laisse au sol comme engrais.

L'argile ainsi calciné agit sur le sol par un effet mécanique semblable à celui du sable; il agit, en outre, chimiquement, comme substance poreuse, et ce deuxième effet tient à la fois de celui du sable et du marnage tout ensemble.

On distingue aussi plusieurs qualités dans les marnes : elles sont ordinairement argileuses, sablonneuses ou purement calcaires, et, exceptionnellement, magnésiennes, gypseuses et alumineuses. Nous ne nous arrêterons pas à ces dernières, plus que nous ne nous sommes arrêtés aux oxydes de fer, de manganèse et aux sels variables, qui sont cependant des principes minéraux existant dans le sol avec les principaux que nous avons indiqués, leur exception et le caractère élémentaire de cet ouvrage ne le permettant point.

Les marnes calcaires conviennent plus particulièrement aux sols argileux peu tenaces, et les marnes sablonneuses à ceux qui sont plus compactes; leur effet agit mécaniquement sur l'argile, par l'interposition de leurs parties, entre les parties tenaces du sol, pour le rendre ainsi plus meuble et augmenter ses facultés absorbantes; il agit ensuite chimiquement par la porosité qui s'imprègne facilement des dissolutions salines, organiques et végétales nécessaires aux plantes, tout en attirant les gaz assimilants de l'atmosphère, qui, avec ces dissolutions, contribuent à leur nourriture et à leur développement vigoureux.

L'action des marnes est d'autant plus sensible et plus favorable, qu'elles sont plus divisées et mieux mélangées au sol; c'est pourquoi il convient de faire l'amendement de manière que la gelée puisse l'atteindre avant qu'il soit enfoui par la charrue, autrement l'effet du marnage ne se produirait que lentement. Les marnes purement calcaires, se divisant plus facilement et mieux que celles d'une autre nature, leur sont toujours préférables, lorsqu'on peut s'en procurer aussi facilement, et que la nature même du sol ne demande pas un autre composé; autrement, il faut prendre les marnes sableuses ou argileuses, selon les circonstances et la possibilité.

Sur un amendement minéral, quelle que soit sa nature, une fumure est toujours nécessaire pour rétablir la proportion de la terre végétale qui doit exister avec la terre minérale dans la masse du sol cultivé; l'organe minéral, absorbant et digestif, ayant acquis des qualités nouvelles par l'amendement et fonctionnant mieux, il lui faut des aliments en raison de ses facultés acquises, afin qu'aucun état de souffrance n'en résulte.

Pour se procurer le sable, la marne ou l'argile nécessaire à l'amendement d'un sol, selon sa nature, il faudrait toujours pouvoir les extraire des couches inférieures du sol même, comme nous l'avons précédemment indiqué, ou du moins, dans des champs assez voisins pour éviter de trop fortes dépenses de transport, car on ne doit jamais oublier qu'il ne faut point cultiver en perte. Ordinairement, on procède aux travaux d'amendement aux époques de l'année où le personnel agricole est le moins occupé et comme à temps perdu ; souvent, on ne les fait que petit à petit, selon le temps que l'on a de reste et l'excédant de fumier dont on peut disposer ; c'est la bonne manière, et nous n'en indiquerons pas d'autre, laissant au cultivateur le soin de l'appliquer, avec les modifications qu'il jugera convenables.

Tous les travaux agricoles sont rudes et pénibles, mais plus que tous les autres, ceux qu'exigent l'amendement tiennent l'homme courbé vers la terre et semblent y fixer son intelligence ; c'est un combat contre la matière brute, pour la préparer au premier degré de la vie végétale ; dans cette sorte de lutte l'homme est toujours vainqueur, et les trophées pacifiques de sa victoire lui sont doux et précieux. Si parfois, accablé de fatigue, il se sent faiblir à sa noble tâche, il peut se redresser, voir à ses pieds et autour de lui les merveilles que la Providence a déjà versées sur ses travaux précédents ; il peut regarder le ciel ; si son corps est asservi, son âme est libre, et, des espaces célestes qu'elle peut parcourir sur les ailes de la pensée, elle lui rapportera l'idée qui affranchit, la vertu qui repose, l'espérance qui fait vivre et le courage qui fait persévérer.

Nous avons dit sa noble tâche. Oui, depuis que Dieu a pris le limon de la terre et l'a pétri de ses mains divines pour en former notre corps, la terre minérale est annoblie, et l'homme en la travaillant, à son tour, ne fait que continuer l'œuvre de son créateur et accomplir les desseins de sa providence sur nous. Ce que le cultivateur dépense de vigueur, d'intelligence et de travail dans cette opération, est comme le souffle tout puissant qui est venu nous donner la vie, l'esprit et l'âme, faits à l'image de Dieu au premier jour. Alors, la terre n'était point aride, elle était composée de manière à produire toutes choses en abondance et sans pénibles labeurs ; elle n'a été frappée de stérilité que lorsque l'homme s'est éloigné de Dieu par la désobéissance, et s'est ainsi condamné lui-même au travail et à la mort. Pour vivre, le travail est devenu nécessaire ; il a sa vertu et son mérite pour celui qui ne continue pas la première faute ; il l'honore aux yeux des hommes, et il le réhabilite à ceux de Dieu : il rétablit l'ordre suprême, en rendant à la terre ses propriétés primitives et à l'homme religieux son premier caractère d'heureuse immortalité.

Courage donc, vaillant laboureur ! Observe et soumets ton esprit, travaille de tes mains et prie avec ton cœur ; tes champs augmenteront de valeur et tes moissons d'abondance ; tes bestiaux prospéreront et ton héritage s'accroîtra ; ton corps, fauché par la mort, retournera aux éléments matériels qui l'ont formé ; ton âme, sanctifiée par le travail et par l'amour de Dieu, rentrera aussi dans le principe immortel et divin d'où elle émane, pour se réunir un jour au corps purifié et recevoir la récompense du repos et de la paix éternelle, reconquis sur le désordre du mal qui a infecté la terre et fait de ses amendements et de sa culture, une question de vie ou de mort, de misère ou de prospérité.

Amendements modifiants et assimilables.

Le sol, avons-nous dit, est un organe minéral agissant sur les engrais, selon l'état de sa composition et les influences atmosphériques auxquelles il est soumis par sa position et sa culture. Les terres minérale et végétale sont ses constituants, et il s'améliore foncièrement par elles dans les amendements modifiants que nous avons déjà énumérés. Nous avons vu ces amendements indispensables, difficiles souvent et pénibles toujours ; la pensée de Dieu les soutient, de bonnes récoltes les récompensent, et l'objet de la vie, l'origine et la fin de l'homme s'y trouvent comme enseignement et par surcroît.

Les amendements assimilables qui vont nous occuper, conservent le même caractère ; ils demandent moins de travaux et moins de fatigues, mais ils exigent peut-être plus d'intelligence dans l'exécution et une observation plus éclairée dans les résultats. La chaux, le plâtre, les cendres de toutes sortes et les sels divers en sont le principe et la matière.

Comme la première, cette deuxième classe d'amendements agit sur le sol ; elle n'en dispense point les terres fortes ou siliceuses, mais son usage peut suffire, à la longue, pour amender assez les autres natures de terrain ; elle agit, de plus, sur les plantes, et leurs cendres portent les traces de plusieurs de ses parties ; c'est ce qui fait que nous l'appelons assimilable. Sur le sol purement minéral, elle produit un effet stimulant comparable à celui des épices sur l'estomac de l'homme ; sur la terre végétale, elle produit une réaction qui opère la décomposition des substances, et la composition des produits chimiques favorables à la végétation. Sur les plantes, elle est comme l'assaisonnement de leurs aliments, un remède à leur langueur, et souvent un traitement à leurs maladies.

Les trois principaux éléments de la terre minérale nous ont fourni la matière des amendements purement modifiants ; nous devons à notre industrie celle des amendements assimilables. La chaux et le plâtre sont des pierres à bases calcaires modifiées chimiquement par l'action du feu ; les cendres sont les résidus qu'il a quittés dans nos divers foyers, et les sels des produits laissés par la mer, après l'évaporation de ses eaux, ou sortis de notre fabrication. La découverte des procédés qui leur donnent naissance, remonte assez haut dans l'histoire des arts, mais leur emploi en agriculture est plus récent, d'une application restreinte encore, et leurs effets raisonnés peu connus. Parcourons-les dans l'ordre que nous avons indiqué.

La chaux est l'amendement assimilable par excellence ; c'est le plus abondant, le plus répandu et le moins cher ; son effet est remarquable, surtout sur les terres fortes et humides, et sur celles qui contiennent des racines et des débris végétaux. Il donne à la terre le carbonate de chaux qui lui est nécessaire ; il détruit les effets nuisibles des acides qui s'y trouvent, il active la décomposition des substances, favorise leur transformation en parties assimilables, et il aide puissamment l'action des gaz atmosphériques sur toutes les contenances du sol. Le chaulage ameublit les terres fortes, échauffe les terre humides, et donne de la consistance aux terres légères ; en ce sens il est amendement modifiant. Sur un sol convenablement chaulé, les mauvaises herbes et les insectes nuisibles disparaissent ; l'effet de la rouille des plantes et de la carie des grains diminue ; le grain prend du poids, une meilleure qualité, farine davantage et donne un rendement supérieur, c'est le résultat de la chaux comme amendement assimilable. Voyons donc les meilleures méthodes pour son emploi, les quantités nécessaires et les conditions voulues pour qu'elles soient profitables.

La chaux s'emploie sur la terre avant l'ensemencement des grains, et elle se répand à la main, au printemps, sur les récoltes qui manquent de vigueur et sur les prairies naturelles et artificielles.

Pour le premier emploi, on dépose la chaux vive sur le terrain à amender, par petits tas d'un demi-hectolitre, distants chacun de six mètres environ, et on les recouvre de 15 à 20 centimètres de terre ; puis quand la chaux est éteinte et dilatée, on la mélange avec la terre qui la recouvre ; on maintient le tout en tas pour le remuer encore au bout de huit jours et le répartir le plus uniformément possible sur le sol, huit jours plus tard, avant d'ensemencer et d'enfouir le grain.

La seconde manière de la préparer pour les deux emplois, consiste à ne faire qu'un seul tas de toute la chaux que l'on veut employer et de la recouvrir de terre végétale ou de gazons, dans la proportion de huit hectolitres de terre pour un de chaux, et, de huit en huit jours, jusqu'à trois ou quatre fois, de bien remanier cette masse de fond en comble, pour mélanger toutes ses parties ; lorsque le mélange et la division en sont arrivés à ne plus former qu'un seul tout, cette préparation peut être répandue sur les champs et sur les récoltes qui en ont besoin, à la quantité de 10 à 100 hectolitres par hectare, selon la nature et l'état du sol.

Pour les terres à bruyères, tourbeuses, et toutes celles qui contiennent beauconp de plantes et de racines à détruire, 100 hectolitres sont nécessaires au premier amendement, et ensuite 60 tous les trois ans, jusqu'à ce que les herbes aient disparu et que le sol soit suffisamment amendé.

Pour les terres argileuses et humides, 60 hectolitres sont nécessaires pour la première fois et 40 pour les autres. Sur la même nature de terre, nette d'herbes et de chiendent, 10 hectolitres de moins tous les trois ans peuvent suffire ; 20 pour les terres siliceuses, et 10 seulement pour les terres calcaires, lorsque cet amendement leur est jugé nécessaire.

Nous ne donnons ces chiffres que comme indication et non comme règle absolue, il ne peut y en avoir en agriculture : en se servant de la chaux et de tous les autres amendements en général, on doit tenir compte de la composition et de l'état du sol, des amendements antérieurs, de l'épaisseur de la terre cultivée, et se guider sur l'effet produit, pour connaître celui exigé, et ainsi, augmenter ou diminuer la dose sur la leçon de l'expérience acquise.

On distingue quatre sortes de chaux différentes : la chaux grasse, la chaux maigre, la chaux hydraulique et la chaux magnésienne, selon les principes minéraux qu'elles contiennent avec la marne pure. A volume égal, la première produit plus d'effet que les autres et doit toujours être préférée. Pour avoir des effets semblables, la seconde doit être employée en plus grande quantité ; la troisième demande aussi une plus forte dose, mais, contenant de l'argile, elle amaigrit moins que la seconde ; la quatrième espèce de chaux est très-active, à cause de cela, elle s'emploie en quantité moindre, et on doit toujours la faire suivre d'une forte fumure, car elle appauvrit le sol plus que toutes les autres.

Après la chaux, le plâtre est l'un des amendements dont les effets sont les plus extraordinaires mais aussi des moins constants ; il agit principalement sur les terrains argileux et siliceux, et il n'a que très-peu d'action sur ceux qui contiennent une dose suffisante de calcaire et de chaux à l'état de carbonate ; le plâtre est un composé naturel d'acide sulfurique et de chaux, contenant de l'eau en cristallisation ; il s'emploie crû ou cuit, et toujours réduit en poudre. Ces plâtres agissent de la même manière : le premier a l'avantage d'être moins cher, mais le second opère mieux que l'autre la première année de son emploi. Ordinairement il se sème à la main sur la terre, en même temps que le grain, ou au printemps, sur toutes sortes de récoltes, mais c'est principalement sur les légumineuses fourragères, les prairies naturelles et artificielles que son effet est le plus sûr et le plus profitable. Employé à la quantité de 2 à 300 kilog. par hectare, son action se fait sentir pendant trois ou quatre ans ; à une plus forte dose il pourrait être nuisible ; il vaut donc mieux l'employer plus souvent et en moins grande quantité.

Toutes les cendres provenant de la combustion des substances organiques, végétales ou minérales, sont un amendement assimilable supérieur, sur tous les sols et pour toutes les cultures ; malheureusement, la difficulté de s'en procurer en quantité suffisante pour les employer en grand, restreint leur usage et nous dispense de les étudier chacune en particulier. Comme la chaux et le plâtre, elles agissent en modifiant le sol et les sucs de la terre que les plantes s'approprient.

Elles s'emploient à la quantité de 20 à 30 hectolitres par hectare et de préférence sur les terres fortes, sur les défrichements et sur les cultures fourragères ; sur les graminées elles favorisent la production du grain plutôt que celle de la paille, mais leur action est surtout remarquable sur le colza, la navette, les pavots et le chanvre ; il ne faut donc pas les laisser perdre, comme cela se fait généralement. Ce que nous disons ici des cendres, lessivées ou non, nous le disons également de la suie, qui a plus de qualités encore, et qui s'emploie à la même dose, dans des conditions semblables et qui donne des résultats supérieurs.

Dans certaines contrées du Nord de la France, on emploie en grand le lignite pyriteux, vulgairement appelé cendres noires ; cette substance s'extrait des mines comme le charbon de terre, aux abords des canaux qui la transporte à l'agriculture ; elle est moins chère que tous les autres amendements ; 8 à 10 hectolitres suffisent par hectares, et son effet est remarquable pendant trois ans. Cette première matière réunit toutes les qualités de la chaux, des cendres et des sels ; de plus, par sa base argileuse et par les matières organiques ligneuses qu'elle contient en état de décomposition avancée, elle est un engrais assez puissant pour dispenser de la fumure qui est nécessaire à tous les autres amendements. Il serait à désirer que les moyens de transports vinssent en étendre l'usage, car, c'est en partie à son emploi que l'agriculture du Nord doit les avantages qu'elle présente encore sur celle des autres contrées.

Les sels divers sont de bons amendements assimilables sur presque tous les terrains et sur toutes les cultures, et ils détruisent assez promptement la mousse des prairies naturelles. Leur effet principal est plus assimilable que modifiant ; il augmente la saveur des plantes, il les rend plus nourrissantes et plus agréables à consommer. Parmi tous les sels existants, le sel marin est le premier pour l'abondance et les bons effets, mais, ainsi que tous les sels chimiques, son prix est trop élevé pour que son usage soit avantageux ; nous nous bornons donc à signaler ses propriétés et à en recommander l'usage près des salines où on peut s'en procurer des résidus à bas prix.

Comme amendements modifiants, la chaux, le plâtre, les cendres et les sels divers, agissent sur le sol en changeant sa nature, en l'améliorant progressivement et en lui communiquant des propriétés nouvelles ;

2

comme assimilables, ils s'incorporent en partie à la plante, lui donnent de la vigueur et de la consistance ; ils s'unissent avec les divers éléments atmosphériques, ils décomposent les engrais et forment dans le sol des produits qui contribuent à l'alimentation des plantes cultivées.

Ces résultats matériels sont précieux déjà, mais ils en indiquent d'un ordre supérieur, que nous ne pouvons négliger, parce qu'ils nous relèvent devant la matière et nous soumettent devant Dieu.

Par un privilége particulier, l'homme, quoique condamné à cultiver la terre, est destiné à servir son créateur en la travaillant et en s'amendant lui-même ; il est le seul être qui puisse modifier la matière, se servir du feu et transformer à son gré tous les éléments naturels ; il est le seul qui ait la faculté d'étudier et de comprendre la nature, de connaître et d'aimer son auteur ; le seul qui ait son libre arbitre et la puissance du bien et du mal, sachant que sa fin suprème est d'en recevoir la récompense ou le châtiment éternel.

Le bien ou le mal à accomplir, voilà les deux mobiles principaux de nos actions, en nous et autour de nous. La stérilité sur la terre, c'est le mal, nos travaux et nos amendements venant la détruire, sont le bien. Le scandale de l'iniquité, c'est le mal social ; le bon exemple dans la société, lui faisant écho, c'est le bien ; l'attachement exclusif et désordonné aux choses terrestres et périssables, c'est le mal individuel, l'attachement aux choses divines et éternelles, lui faisant contre-poids, c'est le bien sur lequel nous devons asseoir toutes nos tendances et toutes nos actions.

En amendant la terre, en modifiant le sol et en leur donnant des parties assimilables pour la végétation, nous ne remplissons que le point vil et secondaire de notre existence ; en amendant notre esprit, en modifiant nos sentiments et en nous assimilant la vérité, la justice et la charité, nous grandissons moralement sous le regard de Dieu, nous accomplissons toute notre destinée et nous atteignons sûrement l'objet de notre fin dernière.

Modifier la terre par notre travail, est un progrès qui nous tient abaissé ; modifier notre être par la vertu est un progrès qui nous élève ; unir la vertu au travail c'est progresser par toutes les puissances de notre être et nous replacer dans l'heureuse condition qui a précédé notre chute originelle et malheureuse.

Amendement par le labourage.

Tout, dans la nature, a été mis à la portée et au service de l'homme pour fertiliser la terre, le porter à la connaissance des lois divines et le faire avancer de découverte en découverte, et de progrès en progrès, vers la perfection matérielle et morale. Nous avons pris chaque espèce de terre minérale et nous avons remarqué que les conditions de la fertilité du sol se trouvait dans leur mélange proportionné ; en avançant davantage, nous avons observé les propriétés des amendements assimilables. Au point où nous sommes arrivés, notre industrie agricole a déjà pris à la terre, obtenu de la mer et demandé au feu pour la fertilité de nos champs. Par le labourage, nous allons poursuivre le même effet et nous soumettre l'action de l'eau, de l'air, de la chaleur, de la lumière et de l'électricité, car la terre en a besoin pour produire, et la puissance du cultivateur peut la lui procurer.

En ouvrant le sein de la terre avec sa charrue, le laboureur met vraiment toutes ces choses en jeu. Dieu, avec cette intelligence qui embrasse et qui règle tout, n'a rien fait que de très-nécessaire à l'existence essentielle de son œuvre ; pour être et pour se conserver, toute chose a besoin du concours de ce qui est ; l'une venant à manquer pourrait faire péricliter toutes les autres si la Providence tardait à y pourvoir, tant est grande l'harmonie de leur relation. Cet ordre sublime, ces rapports généraux, nous devons les suivre dans nos cultures, dans tous nos actes, prendre garde de les troubler par notre ignorance ou nos dérèglements, et y conformer nos labeurs.

Le labourage remonte à l'origine de la société. Ses premiers sillons ont fondé la propriété, donné naissance à la législation, fixé l'homme au sol et formé les liens de la famille ; il fortifie l'homme en nourrissant et en exerçant son corps, il le moralise en sollicitant son intelligence et la reconnaissance de son cœur. A ces titres seuls, on pourrait dire qu'il est d'institution divine.

Les effets principaux du labourage sont d'amender le sol, en donnant plus de fond à la terre cultivée et en la rendant plus perméable ; de favoriser le développement des racines et la production des plantes ; de faciliter l'action des pluies, de l'air, de la chaleur et la destruction des mauvaises herbes.

Dans cet article, nous ne parlerons que du labourage, réservant la considération de ses effets pour celui qui doit suivre.

Les premiers instruments employés par le laboureur étaient la pelle, la pioche et la houe ; ils sont généralement remplacés maintenant par la charrue, la herse et le rouleau, beaucoup plus expéditifs et moins fatigants.

Ces trois instruments du labourage sont dans les mains de tous les cultivateurs ; chaque espèce a ses variétés de forme et diffère selon les lieux ; les meilleurs sont ceux qui donnent un bon travail avec le moins de forces employées ; beaucoup sont susceptibles d'un grand perfectionnement sous ce rapport, ou demandent à être remplacés par ceux qui les ont obtenus déjà.

La charrue plonge dans le sol à un degré de profondeur régulier et soulève une bande de terre qu'elle renverse de la surface au fond, en la brisant sur toute l'épaisseur, suivant la tenacité du sol labouré. La herse complète l'action de la charrue en faisant disparaître les angles creux et saillants qu'elle a formés, en arrachant les mauvaises herbes et en donnant plus de légèreté à la terre. Le rouleau brise les mottes de terre tenaces, raffermit les terres légères et diminue leur trop grande porosité. L'action successive de ces trois instruments se complète l'une par l'autre, et elle est nécessaire sur tous les sols à un moment dont le cultivateur est juge.

Les charrues se divisent en deux classes : les araires ou charrues simples et les charrues à avant-train ; les premières ont toutes le soc en triangle-rectangle avec tranchant et versoir fixe du côté droit ; les secondes peuvent être montées de même ou avec le soc en triangle-isocèle dit fer de lance, tranchant des deux côtés et auquel s'adapte un versoir mobile, que l'on déplace de droite à gauche à chaque bout de champs pour remettre toujours la charrue dans la même raie.

La première charrue trace un sillon plus net et exige moins de tirage que la seconde ; mais avec celle-ci, on peut plus facilement labourer à plat, ne laisser qu'une seule raie ouverte à la limite du champ et la croiser à chaque nouveau labour, ce qui donne une économie de temps, ne laisse perdre aucune partie du terrain, facilite l'action de la herse et du rouleau et fait que toutes les parties du champ se trouvent également cultivées.

Avec la charrue à oreille fixe, on ne peut que difficilement obtenir ces avantages ; la nécessité, peut-être, de cet instrument imparfait a fait prendre l'habitude de labourer par planches plus ou moins larges, répétées sur toute l'étendue du champ, ce qui lui fait prendre la figure ondulée de petites côtes et de petits fossés que l'action de la herse et du rouleau ne peut également atteindre ; qui oblige à labourer toujours dans le même sens, laissant les côtés des planches presque stériles, au profit du milieu, ce qui diminue la quantité de la récolte, la rend inégale et lui donne une qualité irrégulière.

Ce mode de labourage pourrait se comprendre, à la rigueur, sur les terrains humides qui ont besoin d'être égoutés et sur les plateaux qui n'offrent pas assez d'écoulement ; mais il ne se comprend plus sur les autres terrains dont il empêche la bonne culture et augmente les inconvénients naturels ; il faut donc le supprimer pour venir aux labours à plats et en recueillir les avantages et des facilités pour la culture et les moissons.

Le labourage ayant pour objet mécanique de diviser la terre, il doit être d'autant plus répété, qu'elle se présente plus dure, plus pesante et plus tenace. Les terres légères, étant plus faciles à labourer et plus précoces à produire, doivent être travaillées moins et avant les autres. Le moment et l'opportunité des labours sont laissés à l'intelligence du cultivateur, cependant un terrain argileux et dur demande à être labouré, après quelques pluies et avant qu'une trop grande humidité s'en soit emparé ; un terrain léger se laboure plus facilement par la sécheresse que par une trop grande humidité ; cependant il gagne en consistance et se comporte mieux, traité avec un peu d'humidité que par trop de sécheresse. La profondeur des labours est variable à chaque main-d'œuvre, et les plus profonds doivent se régler par l'épaisseur de la couche de terre végétale, sans ramener le sous-sol à la surface.

Les premières façons à donner à la terre avec la charrue, sont le binage et le déchaussage ; ils se font toujours à peu de profondeur et n'attaquent que la couche de terre supérieure qui contient les herbes et les graines à détruire.

Le déchaumage se fait immédiatement après la récolte, avec la charrue à scarificateur, en forme de herse armée de plusieurs fers, laquelle divise très bien la terre, met toutes les racines à nue, permet aux graines de germer, fait trois ou quatre fois plus de travail, à force égale, qu'une charrue simple et facilite beaucoup le labour plus profond qui doit le suivre.

Le binage se pratique avant l'hiver pour ameublir les terres fortes et préparer aux labours de mars ; il se fait aussi à peu de profondeur, avec la charrue fouilleuse ou avec une charrue ayant le soc en fer de lance, pourvue d'un versoir ayant fort peu d'écartement. Lorsque le sol est argileux et humide, on doit diriger les raies, dont chacune reste ouverte, dans le sens d'une pente moyenne, pour permettre l'égouttement des eaux ; lorsque au contraire le sol est léger ou figure une pente assez prononcée, il convient de les diriger en travers, de manière à y retenir l'eau et éviter les dégradations du terrain.

Par ces premières façons, les gelées de l'hiver, les sécheresses et les pluies d'automne exercent une grande action sur le sol, le font pénétrer par les éléments fluides, décomposent les herbes, les racines et les fumiers, et facilitent singulièrement tous les autres labours.

Les fumiers doivent toujours s'enfouir avec une charrue qui retourne bien la terre, et à une profondeur moyenne, de manière qu'ils se trouvent toujours entre deux terres cultivées.

Les deuxièmes labours doivent atteindre toute la profondeur de la terre végétale, pour ramener à la surface celle qui était au fond et faire que celle-ci produise à son tour, tandis que l'autre se repose.

C'est pour atteindre ce résultat que l'on fait toujours les labours en nombre impair ; trois pour les terres légères et cinq pour les terres fortes.

La bonne profondeur des seconds labours est une grande amélioration à laquelle on doit tendre, à la condition d'avoir assez de fumier pour engraisser convenablement toute l'épaisseur de la terre labourée, et de ne prendre que graduellement au sous-sol, en cas de besoin, si sa nature peut le permettre sans inconvénients.

On conçoit, en effet, qu'une petite quantité de fumier doit avoir plus d'efficacité sur quatre pouces de terre que sur huit, et que, comme très-souvent, le sous-sol est composé de la terre minérale dominant déjà dans la terre végétale, il ne peut alors que l'amaigrir, et diminuer ses propriétés élaborantes et digestives, ce qu'il faut soigneusement éviter.

Lorsque l'on trouve avantageux d'attaquer le sous-sol, pour donner plus de profondeur à la terre cultivée, on emploie deux charrues et on opère de cette manière : derrière et dans la raie d'une charrue ordinaire, labourant à toute la profondeur de la terre végétale, on fait passer la fouilleuse, ou charrue sans versoir, pour remuer le sous-sol et le laisser au fond de la raie de la première charrue, de manière qu'il reste sous le premier labour et sans se mêler avec lui ; le sous-sol ainsi cultivé reçoit des modifications par l'humidité, par les engrais liquides et il devient propre à se mêler, avec avantage et successivement, à la terre végétale, par les labours subséquents.

Ce mode de labourage avec deux charrues, passant dans la même raie, convient encore lorsqu'il s'agit de défoncer, plus ou moins, les terrains humides pour leur donner de la perméabilité et faciliter la fuite des eaux à travers les couches inférieures ; il convient aussi dans les terrains secs, pour établir vers leur fond des réservoirs d'humidité ; il convient surtout, lorsque la terre végétale peut recevoir un amendement du sous-sol minéral, et pour toutes les circonstances où il convient d'attaquer le fond, pour donner à la surface une culture plus parfaite.

Toutes ces opérations du labourage ont pour objet de modifier la terre et de la préparer à recevoir l'action fertilisante des éléments que nous avons énumérés en commençant, et dont il nous reste à considérer les effets.

Lorsque nous avons terminé consciencieusement tous nos labours, notre tâche pénible est faite; nous n'avons plus qu'à nous confier en la providence de Dieu, à invoquer son action toute puissante qui gouverne au ciel et sur la terre, qui lance ou retient sa foudre, qui voile ou découvre son soleil ; qui règle les saisons, qui bénit les travaux et distribue l'abondance sur la terre.

Amendements. — Effets du Labourage.

Dans l'article précédent, nous avons parcouru les diverses opérations du labourage, il nous reste à en considérer les effets ; car, pour bien faire une chose, on doit savoir pourquoi elle se fait et quel but on doit atteindre en la faisant. Ce procédé est la voie du progrès de la raison humaine et le principe de toute perfection matérielle et physique.

Le labourage est un amendement puissant sur le sol, puisqu'il le modifie dans sa consistance minérale, qu'il corrige ses excès, qu'il lui ouvre les sources des amendements assimilables de l'atmosphère, qu'il facilite l'action des amendements terreux, des engrais et la formation des produits chimiques qu'absorbent les plantes cultivées par leur racines.

L'action mécanique du labourage divise ou rapproche les parties du sol ; elle les tient en contact avec l'air et la lumière ; elle déracine les mauvaises herbes et les laisse aux prises avec la sécheresse pour les détruire.

Son action chimique rend la terre plus poreuse, favorise l'action de tous les éléments qui concourent ensemble à la fertilité du sol, à la décomposition des racines, des chaumes et des fumiers et la composition des substances fertilisantes.

Avec ces effets et avec ces actions, son objet est de faire prendre aux sols poreux et secs un certain degré d'humidité, d'ouvrir des pores aux sols froids et humides pour laisser pénétrer la chaleur, pour faciliter la circulation de l'air dans toutes leurs parties et dégager l'évaporation de l'eau.

L'air, l'eau, la chaleur et les météores électriques, voilà les agents que le labourage met aux prises avec les éléments de la terre cultivée pour produire la végétation.

S'il est vrai que les fumiers de toute nature et les engrais de toutes sortes deviennent dans le sol la nourriture des plantes, il est vrai aussi que l'air, l'eau, la chaleur, la lumière et les météores électriques en sont comme la vie, car sans eux elles meurent, il est donc intéressant et utile aux cultivateurs de les connaître pour les administrer convenablement dans leur culture.

En effet, les opérations du labourage ne se faisant principalement que pour mettre en œuvre dans la terre les éléments atmosphériques, le laboureur doit connaître le composé de ces éléments et leurs effets, par rapport au sol qu'il laboure, sous peine de s'exposer à travailler à contre sens et de détruire au lieu de féconder par leurs moyens.

L'air, que le labourage fait comme respirer à la terre végétale, est un gaz permanent que nous respirons nous-mêmes, qui entoure le globe terrestre et au milieu duquel s'accomplissent tous les phénomènes si multiples et si divers que nous observons sur les minéraux, les plantes, les animaux et les météores, autour de nous, sous nos pieds et au-dessus de nos têtes.

L'air est un composé principal de plusieurs gaz, appelés par la science : azote, oxigène, hydrogène et acide carbonique ; son action est surprenante par sa diversité et ses oppositions : elle dessèche ou humecte la terre ; elle forme des substances ou elle les décompose dans son sein ; elle oxide ou acidifie les corps qui s'y trouvent ; elle augmente ou diminue leur masse, suivant les circonstances et le milieu qu'elle rencontre pour ses opérations.

Au-dessus du sol, l'air est un immense réservoir qui attire et reçoit sans cesse toutes les émanations de la terre, de la mer, de tout ce qui s'y forme, de tout ce qui s'y décompose, de tout ce qui végète, vit et meurt dans la nature entière. Dans ce vaste récipient du grand laboratoire de la providence de Dieu, toutes ces émanations se modifient et se transforment en produits nouveaux au contact les unes des autres, sous l'influence des gaz atmosphériques et sous l'action combinée de la lumière, de l'électricité et des autres éléments fluides, pour revenir en principes fertilisants dans les pores de la terre labourée et y établir les conditions nécessaires à la germination des grains et du parfait développement des plantes.

L'eau n'est qu'une modification des gaz oxygène et hydrogène de l'air, opérée par l'action des courants électriques dans l'atmosphère ; dans sa condensation, elle a rassemblé toutes les propriétés humides, sans mélange de celles qui sont opposées à ce principe : l'eau pénètre la terre, la divise et détruit l'effet de la sécheresse ; elle dissout les gaz et les sels de la terre ; elle forme des oxides de certaines parties minérales, et transforme les acides qui se rencontrent dans certains sols en plus ou moins grande proportion. De plus, l'eau de pluie la plus pure contient toujours une petite quantité de sels et autres principes solubles, et tient en suspension des gaz et des matières volatiles, végétales et animales qui sont de véritables engrais.

L'effet du labourage, par rapport à ces deux éléments, est de donner une sorte de vigueur à la terre en la faisant boire et respirer ; en ce sens, la charrue est l'organe vital du sol, et d'autant plus qu'elle le soumet encore à l'action de la chaleur et de l'électricité qui lui est nécessaire, pour compléter ses fonctions aussi mystérieuses qu'importantes.

L'air et l'eau étant donnés à la terre végétale, on peut dire que la chaleur vient comme l'animer à son tour ; sans la chaleur il n'y aurait même de vie nulle part; le froid est un signe de mort. Le principe de la chaleur est en toute chose : le soleil nous le verse avec sa lumière d'une manière sensible, et nous en voyons les effets sans en bien connaître la cause, qui reste l'un des secrets de Dieu ; mais ses effets suffisent au cultivateur qui peut voir et connaître les modifications qu'elle fait subir aux corps qui lui sont soumis : ici, elle change leur nature en déterminant des modifications et des combinaisons ; là, elle en change l'agrégation en liquéfiant les solides et en vaporisant les liquides ; ailleurs, en augmentant les volumes ou les diminuant, selon l'état dans lequel elle les rencontre ; partout elle corrige les principes qui lui sont contraires, donne le mouvement à la circulation sur son passage, produit des effets chimiques et physiques les plus surprenants sur la terre labourée.

Avec la chaleur, l'eau et l'air, l'électricité produit des actions merveilleuses pour le labour et pour la fertilité des champs. Son principe universel n'est pas saisi par nos facultés bornées, nous savons qu'elle existe dans toute la nature, nous sommes témoins de quelques-uns de ses effets prodigieux, mais quelques-uns sont encore des profonds mystères pour nous. Son passage renverse, brûle, altère et décompose ; nous avons dit qu'il contribuait à la formation de l'eau et nous savons que la grêle est toujours accompagnée de ses effets les plus effrayants ; mais, qui nous dira les effets utiles et bienfaisants qu'elle produit sur nos labours, par ses propriétés magnétiques d'attraction et de répulsion ; par ses effets de chaleur, de lumière et de rapidité ; par ses actions chimiques, phosphoriques, physiologiques et physiques qui échappent à nos sens, à nos calculs, à notre raison, et que cependant nous mettons en œuvre dans l'opération du labourage ? Toute subtile et mystérieuse qu'elle soit encore pour la science, l'électricité, comme tous les autres éléments de la nature, a cependant été donnée par Dieu, à la puissance de l'homme, pour la faire servir à ses besoins et l'associer à ses travaux agricoles, industriels et artistiques ; c'est la plus grande force dont nous puissions disposer, si notre intelligence arrive à la connaître, à la dompter, à la diriger, comme elle y est parvenue déjà par les machines électriques, les paratonnerres et les fils télégraphiques.

Ces quatre éléments sont donc très-considérables en agriculture, comme effets du labourage : la charrue met la terre en continuelle communication avec l'atmosphère pour la féconder; plus le labourage est parfait, plus ces éléments touchent à ses parties intimes et plus aussi la fertilité est grande.

Dans une terre inculte, l'air et la chaleur ne peuvent bien circuler; l'eau séjourne trop ou pas assez à la surface, il ne se fait presque point d'opérations utiles dans son sein, ni d'échange profitable entre les éléments du ciel et de la terre, et par conséquent la stérilité s'en suit.

Une terre bien cultivée devient un récipient atmosphérique; comme nous avons dit que l'atmosphère était un récipient des émanations terrestres, ces deux grands réservoirs de la nature travaillent sans cesse l'un pour l'autre, en élaborant, décomposant et recomposant au profit de la production végétale, sous l'impulsion que la main de l'homme sait leur donner par ses labours.

Le labourage est donc pour nous le premier et le plus important de tous les travaux, puisqu'il met lui-même la nature en travail, qu'il féconde la matière et fait croître les plantes, premier aliment du règne animal, première matière industrielle et première source de prospérité sociale.

Sans bien s'en rendre compte, peut-être le laboureur en ouvrant le sein de la terre aux correspondances atmosphériques, par la douce violence de sa charrue, accomplit un mystère d'amour minéral, assez comparable à celui qui ouvre le sein des fleurs, au soleil du printemps pour la fructification végétale, et le sein de la femelle à la fécondation animale. C'est la première chaine de l'amour qui est partie au premier jour du cœur de Dieu, pour embrasser successivement tous les règnes de la nature et se rattacher sans cesse à son point de départ, par l'intermédiaire humain. Cette opération doit donc exciter en nous des sentiments particuliers d'affection envers le Créateur, qui a daigné nous en faire les ouvriers intelligents et les plus forts intéressés.

La charrue appelle et consomme donc l'union des principes solides de la terre, avec les éléments fluides et liquides de l'air, pour la plus grande fécondité du sol; mais ces rapports ont aussi leur perturbation et leurs excès que l'intelligence du cultivateur est appelée à prévenir ou à corriger, et qui sont comme une école ouverte à son instruction, à son perfectionnement, un objet de mérite pendant sa vie et de récompenses sublimes à sa mort.

Trop d'humidité inonde ses champs, trop de chaleur les brûle, trop de vent les ravage et l'électricité des orages nous les laisse quelquefois dévastés; c'est la conséquence inévitable de toutes les perturbations et de tous les excès naturels, physiques et moraux. La cause de la vie, les éléments du bien en désordre, même passager, sont toujours des causes d'accidents, de malheurs et de mort jusqu'à ce qu'ils soient rétablis dans l'ordre des lois naturelles et divines, que nous devons apprendre et observer en toute chose.

En principe général, tout excès, se corrige par ses contraires; en agriculture, la sécheresse combat l'humidité et celle-ci détruit la sécheresse; les vents en sont les moyens naturels : ils ne soufflent dans leurs grandes forces que pour amener les pluies en suite de grandes sécheresses, ou pour sécher la terre en suite d'une grande humidité; les labours en sont les moyens humains. La sécheresse commande des labours profonds, des irrigations et des arrosements; l'humidité nous prescrit le défoncement intelligent du sous-sol, le drainage et les voies d'écoulement; l'action incessante de l'air exige des labours répétés, le hersage des terres fortes et le roulage qui tasse les terres légères; l'électricité qui produit la foudre et accompagne la grêle dévastatrice, nous oblige à resserrer les liens sociaux que l'agriculture a formés, afin de réparer nos pertes par l'association, dont l'assurance est la plus belle expression et le plus sûr moyen.

Certainement, la providence de Dieu a réglé toutes ces choses pour notre instruction, pour le développement de nos facultés intellectuelles, physiques et morales; que deviendrions-nous si tout allait de soi-même et sans commander à nos efforts? Nous tomberions bientôt dans la mollesse, nous perdrions notre puissance sur nous-même, sur toute la nature et nous irions à toutes les décadences sans pouvoir jamais nous relever par la vigueur du corps, la force de l'intelligence, l'énergie des sentiments et l'empire irrésistible de la volonté, vers notre centre véritable, qui est Dieu, commencement et terme de toute chose, notre solide bonheur sur la terre et notre unique espérance dans le Ciel.

Amendement. — Position du sol.

Après ce que nous avons dit des divers amendements, la position du sol appelle notre attention. Assez communément, on rencontre en agriculture des accidents et des dispositions particulières de terrain, qui demandent à être traités à part, à changer de face ou de nature pour prendre toute la fertilité dont ils sont susceptibles, et rentrer dans les dispositions générales propices à une bonne culture d'ensemble. Tels sont les terrains plats, les bas fonds, les pentes, les abris et les mauvaises expositions.

Les moyens de modifications que nous allons indiquer pour ces accidents, compléteront la série des travaux de terrassement que nous avions à parcourir, ils peuvent s'appliquer directement ou par analogie, aux exceptions secondaires que le manque d'espace nous force à négliger.

Autant que possible, les exceptions doivent se ramener aux principes et aux règles générales que nous avons déjà suivies; pour nos autres travaux d'amendements, appliquons-les à nos dispositions accidentelles du terrain, en suivant l'ordre où elles viennent de se placer.

Sur les terrains trop plats, l'écoulement des eaux éprouve de trop grandes difficultés, il ne peut se faire que très-lentement, en filtrant à travers la couche de terre végétale, par le sous-sol et par l'évaporation, si le temps est propice, ce qui est toujours très-lent, affecte la terre d'humidité et nuit aux récoltes. C'est à quoi il faut remédier, en pratiquant des travaux particuliers, pour faciliter l'écoulement, l'infiltration et l'évaporation des eaux sur ces sortes de terres.

Les labours en planche qui forment des adossis et des fossés multipliés sur toute la surface d'un champ, ont, dans ce cas, une certaine utilité pour retirer les eaux et les écouler, si on a le soin de les diriger toujours vers les pentes voisines. Si cette direction ne peut être donnée aux sillons, ou qu'elle se trouve insuffisante pour l'entier écoulement des eaux, il faut creuser à travers les couches imperméables du sol, des fosses d'épuisement, jusqu'aux couches inférieures perméables, et les remplir de pierres ou de graviers de manière à ce que l'eau puisse toujours s'y perdre suffisamment. Dans les contrées où les labours se font à plat, on doit ouvrir avec la charrue, des artères assez profondes dans ces terrains pour retirer les eaux et les écouler vers les pentes ou les fosses d'épuisement.

Lorsque le sous-sol d'un terrain plat est d'une nature assez perméable, il suffit souvent de le défoncer graduellement avec la charrue fouilleuse, comme nous l'avons dit déjà à l'article labourage, pour que l'infiltration assainisse assez le sol ; mais lorsque le sous-sol offre peu de perméabilité sur une trop forte épaisseur et que l'écoulement est difficile à la surface, le terrain doit être drainé pour devenir bon. Le drainage est le remède par excellence de tous les terrains humides.

Pour drainer un champ, il faut d'abord étudier la pente naturelle du sol et chercher les aboutissants par où l'eau doit pouvoir s'écouler sans encombre ni inconvénient pour personne, puis ouvrir des petits fossés dans le sens de la pente, à des distances jugées nécessaires, selon la nature du sol et l'abondance des eaux à écouler. Si le sous-sol imperméable a peu d'épaisseur, il suffit de creuser les drains jusqu'à la couche inférieure perméable, et de les remplir avec des pierres ou des graviers, que l'on recouvre ensuite de terre végétale jusqu'au niveau de la surface, toute la masse du sol s'égouttera et respirera parfaitement par ces drains, et elle se trouvera assainie et fertilisée par cette opération ; mais si la couche imperméable du sous-sol a trop d'épaisseur, on creuse seulement les drains à 80 centimètres environ de profondeur, et on garnit le fond sur toute l'étendue, de tuyaux de drainage en terre cuite, pour conduire les eaux aux aboutissants qu'on leur a ménagés au bas de la pente, et on les recouvre aussi de graviers et de terre perméable, comme pour les drains sans tuyaux. Dans certains endroits on se contente de mettre des fascines ou des fagots dans le fonds des drains, dans d'autres, on y ménage des petites rigoles en pierres ou en tuiles, mais ces méthodes finissent par revenir aussi chères que les tuyaux, et ne les valent ni pour la durée ni pour les bons effets.

Sur beaucoup de points, le drainage présente des difficultés réelles, qui ne disparaîtront qu'avec de grands travaux d'ensemble, ouvrant des issues communes à toutes les opérations de drainage d'une même contrée territoriale, pour l'écoulement des eaux qui en proviennent.

Les bas-fonds, et tous les endroits où l'eau séjourne peuvent se traiter par les mêmes moyens ; là où ils se trouveront insuffisants, il faudrait ouvrir de plus larges voies d'infiltration vers l'intérieur du sol, ou d'écoulement vers les pentes voisines, ou bien procéder à l'exhaussement du sol, si la trop grande superficie à combler n'est pas un obstacle.

Dans ce cas, on commence par enlever toute la couche de terre végétale de l'espace à combler, puis on y dépose jusqu'à la hauteur voulue des matériaux et de la terre perméable, sur laquelle on replace ensuite toute la terre végétale, de manière que le bas-fonds disparaisse, en donnant à la place toutes les conditions du meilleur sol.

Tous ces travaux, sans doute, ne laissent pas que de nécessiter une certaine dépense de temps et d'argent, mais ils peuvent doubler les récoltes dès la première année, et donner à la terre une plus value, représentant toujours beaucoup plus que le capital employé.

Sur les pentes moyennes, il n'y a guère que les dégradations de terrain à prévenir; pour cela on doit toujours conduire ses labours par le travers, et après avoir semé, ménager quelques raies d'écoulement de distance en distance, ayant une légère inclinaison, pour que chacune d'elle puisse arrêter l'eau sur la pente, et l'écouler graduellement sans dommage pour les terres et les engrais. Si le sol est léger et facile à enlever, quelques plantations d'arbres sont de nature à empêcher les dégradations et à faire prendre de la consistance à la terre.

Dans les fortes pentes, ces précautions sont souvent insuffisantes, il convient d'établir des gradins par le tavers, en forme d'escalier, et de les multiplier de haut en bas, selon les degrés de la pente.

C'est par ce moyen que des montagnes tout entières ont pu être données à l'agriculture, et produire des moissons sur leurs flancs autrefois arides et dénudés.

Les abris provenant du voisinage des bois ou des collines, sont souvent avantageux dans une saison et nuisible dans l'autre, suivant l'exposition du sol au nord ou au midi.

Ceux exposés au nord ont à souffrir des plus mauvais vents, du froid, de l'ombre et de l'humidité. On ne peut guère y remédier qu'en fumant davantage, en donnant à ces terrains les amendements stimulants les plus propres à réchauffer la terre et à absorber l'humidité, et en leur choisissant les plantes qui résistent le mieux, aux froids rigoureux, aux gelées tardives et à l'humidité prolongée.

Ceux exposés au midi et abrités des vents du nord, développent une végétation trop hâtive, les plantes versent ou ne peuvent soutenir l'ardeur du soleil, et ne donnent jamais que de faibles produits. Le curage des mares et des fossés sont d'excellents amendements sur les terrains dans cette exposition, et les ensemencements qui craignent le froid et supportent bien les fortes chaleurs, y donnent de très-bons résultats, il faut donc les leur réserver.

Contre toute faiblesse, il existe une force pour la relever, et contre tout mal, il y a un remède pour le guérir; un cultivateur intelligent sait tirer très-bon parti de toutes choses en toute situation, et il ne laisse rien perdre de ce que plusieurs négligent dans leurs champs ou en eux-mêmes. C'est dans la science des détails que se trouve souvent le progrès agricole et toujours la prospérité de l'exploitation tout aussi bien que dans les combinaisons de l'ensemble. Modifier les accidents partiels du sol est donc chose toute aussi intéressante que ses amendements constitutifs, et l'un et l'autre doivent se faire simultanément ou progressivement pour obtenir de toute terre en culture des rendements avantageux. Notre prochain article traitera des engrais.

Des Engrais.

Nous arrivons à la dernière section des amendements du sol, aux fumiers et aux engrais, c'est-à-dire à l'amendement indispensable, puisqu'il est le complément de tous les autres, et par excellence, puisqu'il devient la substance même des plantes cultivées.

Les amendements minéraux servent à bien constituer la base de la végétation, le sol, dans lequel les plantes développent leur germe, plongent leur racines et trouvent préparés les éléments propres à leur nourriture et à leur fructification.

Les amendements stimulants et assimilables aident à l'élaboration nutritive en y apportant le contingent, et les labours ouvrent les communications du sol avec l'atmosphère pour la fécondation de la terre.

Mais le fumier et les engrais sont le principe de la matière même des plantes, et partant, les bons engrais font les bonnes récoltes, et leur abondance fait l'abondance même des moissons.

Il faut donc les préparer avec soin pour leur donner une bonne qualité ; les employer avec discernement pour qu'ils produisent bien tout leurs effets, et les donner au sol en quantité suffisante, pour que la récolte y trouve ample matière à son entier développement. Sans ces conditions, il n'y a point de culture réellement avantageuse et tous les efforts du cultivateur doivent tendre à les obtenir.

Les fumiers, et tous les engrais possibles, proviennent de substances végétales et animales ; leur condition, pour devenir fumier ou engrais, est de subir un certain degré de fermentation, de décomposition et de pourriture qui les transforme ; tout ce qui provient d'une plante ou d'un animal quelconque est engrais et peut faire fumier. Cependant, il y a dans ces deux sortes de matières des substances meilleures et plus riches les unes que les autres ; nous les classerons dans la suite, mais avant nous devons remonter au principe et considérer les choses dans leur origine, en suivant l'ordre de leur création. C'est en les prenant dans les desseins de Dieu et comme au sortir de ses mains, qu'on découvre leurs lois naturelles et qu'on peut cultiver ensuite sans s'égarer.

La terre, qui porte toute la végétation, est un organe immense fonctionnant sous la puissance de Dieu, qui lui communique une vie propre, insensible pour nous, mais qui soutient cependant toutes les autres dans l'ordre de la Providence divine. La terre est l'élément solide, le commencement d'où tout principe matériel procède pour revêtir la vie à sa surface, et la fin où il se retire, pour y subir de nouvelles transformations après l'avoir dépouillée ; mais la vie est en Dieu seul, et il la communique comme il lui plaît.

La plante est un être attaché à la terre avec une vie dépendante et des lois particulières ; sa nature est finie, limitée et périssable, mais elle se perpétue et se multiplie indéfiniment par sa graine ; dans son germe, la graine porte la vie d'une plante nouvelle, et, dans sa substance, la tige morte donne l'aliment de la plante vivante en pourrissant et devenant fumier. Le fumier a donc pour base les débris des végétaux ; mais ces débris, sans l'action des animaux, ne constituent qu'un engrais inférieur.

La plante est la première manifestation de la vie organisée sur la terre, l'animal est la seconde allant au degré de l'indépendance relative ; il n'est plus fixé à la terre, il se meut, il se déplace ; il a les facultés de la vue, de l'ouïe et de l'instinct, il est comme le précurseur de l'homme, comme la plante, l'individualité animale est périssable, mais son espèce se reproduit, d'elle-même, et se perpétue à l'infini par la semence ; sa nature, plus parfaite, l'éloigne de la corruption, il ne se nourrit plus de ses propres débris en décomposition, mais il prend sa subsistance à l'herbe fleurie et aux foins parfumés, les végétaux forment sa couche comme sa nourriture, et il leur rend ainsi en bon fumier, tout ce qu'il leur a ravi pour ses besoins. Plus l'œuvre de la création avance et plus toute chose créée reçoit sa perfection.

Mais enfin, voici l'homme sorti de la main de Dieu, avec une vie autant supérieure à celle de l'animal, que celle de l'animal est déjà supérieure à la vie des plantes. Lui aussi est périssable individuellement, lui aussi perpétue sa race à l'infini par sa propre semence, mais lui seul est raisonnable et possède son libre arbitre ; son attitude est souveraine, ses pieds touchent encore la terre, mais son front est levé vers le ciel ; ses facultés sont si grandes et si nouvelles qu'elles vont lui soumettre les éléments, la matière et toutes les existences créées avant lui ; sa nature est tellement parfaite, qu'il a horreur des aliments corrompus des végétaux et dégoût de la nourriture crue des animaux ; il prend la sienne de toute chose saine et fraîche, mais il ne la consomme que transformée par la cuisson et les assaisonnements.

Cette nourriture perfectionnée forme sa substance corporelle, et ses déjections composent le meilleur et le plus puissant engrais pour les végétaux, auquel tout revient sans cesse par la terre, dans l'ordre naturel fondé par le Créateur.

Ainsi, on le voit, quoique s'éloignant toujours davantage de l'aliment corrompu à mesure que la vie créée avance en s'élevant dans la perfection, la substance même de tout corps matériel vivant, a cependant toujours pour base la décomposition et la pourriture, autrement dit le fumier et les engrais ; d'abord les plantes les incorporent, puis l'animal se nourrit de la plante, et l'homme ensuite, s'alimente de la plante et de la chair animale ; de telle sorte que, si le fumier est bon et abondant, les moissons seront belles, les bestiaux seront gras et la table de l'homme bien pourvue. La prospérité agricole et alimentaire dépend donc du fumier.

Du Fumier de ferme.

Notre précédent entretien sur les engrais établit l'enchaînement et la solidarité naturelle qui se trouvent entre les trois règnes de la nature, dont le cultivateur a été fait l'économe providentiel. Son action s'exerce sur l'ensemble par l'étude, la culture et l'alimentation, qui forment un tout ayant pour base la terre, pour centre le développement intellectuel, et pour sommet l'accomplissement des lois morales, d'où descend toute perfection et par lesquelles s'accomplit toute destinée.

Avec la culture de la terre, le fumier touche à cette base et appelle notre étude pour saisir les principes qui conduisent à sa bonne préparation et à son emploi judicieux au profit des plantes.

Pour cultiver avec bénéfice, on ne l'oublie pas, il faut beaucoup de fumier, et de bon fumier; si on ne donne en engrais à la terre cultivée que l'équivalent de ce qu'on en retire en récolte, la fertilité acquise ne pourra que se maintenir; pour l'augmenter, il faut savoir lui donner davantage, et, pour cela, il n'y a que deux moyens : augmenter la quantité du fumier par l'emploi de nouvelles matières fertilisantes, conserver à ces matières et faire acquérir au fumier toutes les qualités qui constituent les bons engrais.

Le fumier de ferme ordinaire, on le sait, se compose de deux éléments principaux : les matières végétales de toutes sortes et les matières animales de toute nature, jointes aux premières. Séparés, ces deux éléments peuvent faire, par eux-mêmes, des engrais de valeurs diverses; mais, réunis dans une juste mesure, ils accroissent leur principe fertilisant et font la base d'un meilleur fumier.

Les substances végétales et animales, séparées ou mélangées, ne deviennent fumier et engrais qu'à l'aide de la fermentation. Sans la fermentation, qui les rend solubles, ces substances ne changeraient point de nature et ne pourraient ainsi servir à l'alimentation des plantes; par une trop grande et trop longue fermentation, elles se réduisent presque à rien, perdent leurs principes fécondants et ne donnent plus que fort peu de chose à l'action végétative. Une fermentation régulière est donc la condition principale, après la possession des matières; celles-ci composent la quantité, mais l'autre fait la bonne qualité des fumiers.

En premier lieu, la matière végétale appelle nos soins et notre sollicitude; il en faudrait davantage pour augmenter les litières, ou il faudrait plus de bestiaux pour bien employer celles dont on dispose. Si on a des bestiaux, nous verrons qu'il sera toujours facile de leur procurer une litière abondante, et, si on a abondamment de la litière, nous verrons qu'il sera toujours possible d'avoir des bestiaux pour la consommer et la convertir en fumier. En attendant, occupons-nous des substances qui la composent; il y en a qui contiennent beaucoup plus de principes-fertilisants les unes que les autres; classons-les d'après leur richesse en matière soluble et leur dosage en azote, qui sont la marque principale par laquelle la science agronomique reconnaît la puissance et la valeur des engrais.

Les substances végétales qui en contiennent le moins sont d'abord les pailles de maïs, de seigle, d'orge, de froment et de sarrazin, qu'on emploie plus spécialement comme litière; mais elles rachètent une partie de cette pauvreté naturelle, en absorbant mieux les urines et les autres déjections animales, et en entrant plus facilement que toutes les autres en fermentation.

Celles qui viennent ensuite, en accroissement de qualité dans le même ordre, sont les pailles de topinambour, de colza, de haricots, de fèves, de vesces, de lentilles, de millet, les roseaux et la fougère, mais comme elles absorbent plus mal les déjections et qu'elles entrent plus difficilement en fermentation si elles n'en sont pas bien imbibées.

il est bon de les faire briser sous les pieds des animaux avant de les distribuer comme litière; avec cette condition, elles font d'excellent fumier. Si on a assez de litières pailleuses, il serait mieux de les faire consommer aux animaux, pour employer les autres et augmenter ainsi son fumier. De toutes les pailles, la plus riche en azote est celle des pois, et, pour cela, il ne faut jamais la détourner du fumier. Il en est de même de la feuille des arbres de toute essence; elles absorbent assez mal les déjections; mais, mêlées à d'autres litières, elles n'ont pas besoin d'en absorber beaucoup pour entrer en fermentation avec la masse et constituer un fumier supérieur à celui purement pailleux.

Ensuite, viennent les fannes de pommes de terre, les feuilles et les tiges de genêts, les feuilles et les rameaux de buis et de bruyères; ces substances contiennent par elles-mêmes six à sept fois autant d'azote que la meilleure paille de froment, et elles sont si précieuses comme engrais, qu'une voiture de leur fumier, équivaut largement à quatre d'un fumier ordinaire. Seulement, comme leur substance est dure, de nature peu absorbante, et que, par cela même, elles entrent plus difficiment en fermentation, il est bon de les faire broyer sous les roues des voitures avant de s'en servir dans les étables ou sur les tas de fumier, comme nous l'indiquerons.

Nous venons peut-être d'énoncer beaucoup de substances végétales, et des meilleures, auxquelles beaucoup de cultivateurs ne songent point, qu'ils ne recueillent point et qu'ils laissent perdre, plutôt que de les convertir en fumier, c'est leur tort; qu'ils les mettent donc une bonne fois à profit, et ils y trouveront le moyen d'augmenter à la fois la somme et la qualité de leurs engrais, de nourrir une ou plusieurs têtes de gros bétail, en leur faisant consommer une plus forte partie des produits dont ils font maintenant litière.

En deuxième lieu, viennent les matières animales, excréments et urines, pour la composition des fumiers; nous n'avons pas besoin de dire qu'elles contiennent beaucoup d'azote et qu'elles sont plus riches en matières solubles qu'aucune substance végétale; nous ne spécifierons pas non plus leur valeur relative, quoique diverse; nous avons indiqué les déjections des animaux qui se nourrissent de chair comme les meilleures; ensuite celles des animaux qui mangent des grains; enfin celles des animaux qui vivent d'herbes, et on sait assez bien que toutes sont précieuses et indispensables pour faire de bon fumier. Par leur nature, elles entrent très-facilement en fermentation; les matières végétales, beaucoup plus difficiles à fermenter, ne fermentent bien qu'avec leur aide, tandis que celles-ci modèrent leur activité fermentescible en les absorbant, et leur conserve par-là tous leurs principes fertilisants. Ainsi, ces deux substances sont utiles l'une à l'autre dans la composition des fumiers, et on doit toujours les mélanger dans une proportion convenable pour réussir à les faire bons, à l'aide de la fermentation.

La fermentation s'opère par l'effet d'un échauffement naturel et graduel des matières végétales et animales composant le fumier qui les attendrit, les décompose et rend leurs principes assez solubles pour servir d'aliment aux plantes dans la terre cultivée, par la puissance absorbante des racines.

Cette opération importante peut être considérée par trois degrés différents : le premier n'est qu'un échauffement léger, lent et paisible, qui complète l'absorption et l'union des matières, les pénètre et les attendrit sans les dissoudre ; le deuxième est un échauffement plus fort et plus rapide qui attaque et désagrége les matières, et opère un dégagement des gaz fertilisants du fumier ; enfin, le troisième degré est une chaleur plus vive, produisant une complète dissolution des substances et les transformant en gaz amoniaque et acide carbonique, qui se perdent dans l'air, en y répandant leur mauvaise odeur et en jus de fumier, qui s'écoule de la masse, se perd aux alentours et n'y laisse plus que des parties à l'état de *beurre noir* ou de terreau humide.

Le premier degré de fermentation peut s'obtenir dans les étables en ne les vidant pas trop souvent ; il fait ce qu'on appelle *le fumier frais*. Ce fumier, n'ayant perdu aucune partie des principes fertilisants qu'il contient, est donc le plus riche, tandis que, sous un autre rapport, il est aussi le meilleur, parce qu'il achève toute sa fermentation dans la terre, qu'il l'échauffe, l'allége et s'y conserve plus longtemps. Par ces qualités, il convient à tous les sols, pourvu qu'on ne sème pas immédiatement dessus.

Le second degré de fermentation ne s'opère ordinairement que dans les tas de fumiers et donne *le fumier fait*. Bien soigné pour arriver à cet état, ce fumier n'a perdu qu'une faible partie de son volume et de ses principes volatils ; plus avancé en fermentation, son effet est plus prompt sur la récolte ; il convient bien aux terres argileuses et aux cultures prêtes à recevoir les semences.

Le troisième degré de fermentation s'exécute aussi dans les tas et donne *le fumier pourri*, qui n'a, sur aucune terre, qu'une efficacité relative et de courte durée. Avec le fumier pourri, il faudrait pouvoir fumer les terres pour chaque récolte; le fumier fait dure trois ans, et le fumier frais se fait sentir quatre ans et plus. Les terres fortes demandent à être fumées davantage et moins souvent, parce que le fumier s'y conserve plus longtemps, tandis que les terres légères ou calcaires demandent à être fumées moins et plus souvent, à cause de leur plus grande activité à le consommer.

La règle à suivre serait donc de faire toujours du fumier frais; de n'en produire de fait que par circonstance, et de n'en avoir jamais de pourri; pour cela, il faut savoir et vouloir renfermer la fermentation dans de justes limites, et pas autre chose.

Pour y arriver, du moins en partie, les bons cultivateurs tassent bien leur fumier, détournent les eaux de sa base, l'arrosent quand il s'échauffe trop et répandent dessus des substances diverses pour empêcher son évaporation; c'est quelque chose déjà; mais le plus grand nombre a moins de soucis de son fumier, qui est pourtant sa fortune en espérance, et le laissent dans le plus complet abandon, sans songer plus à sa qualité qu'à sa quantité.

En effet, que voit-on dans la plupart des étables? Un sol mal disposé et mal affermi, qui absorbe les urines ou les laisse couler au dehors; une litière insuffisante ou mal faite, qui reçoit inégalement les matières, absorbe peu les liquides et n'arrive au fumier que dans les plus mauvaises conditions pour fermenter inégalement.

Dans les cours, dans les rues où s'établissent les tas de fumier, ce qu'on remarque est bien pis: ou bien on étend le fumier sur une large surface, où il est continuellement gratté par les volailles, piétiné par les bestiaux, haché par les voitures, desséché par les vents, dévoré par l'ardeur du soleil, trempé par les pluies et lavé par tous les égouts des toits; ou bien on l'accumule sur une surface étroite, où, à presque tous ces inconvénients, vient s'ajouter une fermentation trop forte, qui le ruine en un rien de temps, lui fait perdre tous ses gaz, sa force, ses sels et tous ses sucs fertilisants, qui vont infecter l'atmosphère, salir les cours et les rues, infecter les mares, les ruisseaux et les fossés, et deviennent une cause de malpropreté et d'insalubrité publiques, au lieu d'aller féconder les champs et produire d'abondantes récoltes.

Et comme si ce n'était pas encore assez d'avanie pour une chose si précieuse, on laisse ce pauvre fumier en fumerons dans les champs des semaines et des mois entiers sans l'épandre, ni l'enfouir, et, de nouveau, il fermente, s'égoutte, se lave, se dessèche et achève de se perdre.

En procédant ainsi, sait-on bien ce qu'on fait ? Nous allons le dire. Un fumier ainsi traité perd d'abord plus de la moitié de sa masse, puis plus des deux tiers de ses principes solubles, et enfin plus des trois quarts de son azote et de ses gaz fertilisants ; il ne donne presque plus de chaleur et de puissance végétative à la terre, et, à poids égal avec le fumier frais, ses rapports sur le rendement à la récolte sont comme de trois à quatre, et il n'est presque plus rien pour les récoltes suivantes.

Certainement, il n'y a pas un cultivateur qui ne comprenne toute la valeur du fumier, et cependant les inconvénients que nous venons d'exposer rapidement se rencontrent partout à un degré quelconque ; ce n'est pas l'effet d'un mauvais vouloir, ni le plaisir de perdre ses engrais qui crée ce déplorable état de choses, mais bien le résultat d'une habitude ignorante, que les municipalités peuvent attaquer dans l'intérêt de la salubrité communale, et que nos lecteurs peuvent détruire autour d'eux par l'exemple de leur initiative éclairée.

Certainement aussi, il n'y a pas un cultivateur qui ne soit content de pouvoir augmenter sa quantité de fumier, et cependant beaucoup de choses capables de faire de bonnes litières sont détournées de cet emploi, d'autres brûlées presque en pure perte et d'autres ne sont pas même recueillies.

Certainement enfin, il n'y en a pas un qui ne veuille que son fumier soit bon et ne perde aucune de ses qualités avant d'arriver à la terre pour récolter deux et trois fois de plus avec les ressources qu'il possède et sans presque plus de travail, ni de dépenses. Eh bien ! prochainement, nous étudierons avec eux la bonne préparation du fumier suivant les principes que nous venons d'établir et en évitant toutes les fautes que nous avons remarquées, ils n'auront plus qu'à pratiquer, et le bon Dieu fera le reste.

Préparation du Fumier.

En signalant les inconvénients qui s'attachent à la négligence qu'on apporte dans les soins que l'on doit aux fumiers, nous nous engagions à établir une méthode simple et facile de le bien préparer, d'après les meilleures données de la science agricole que nous posions en principes.

La quantité de fumier, disions-nous, s'obtiendra par l'emploi de toutes les matières végétales et animales que l'on possède, par toutes celles que l'on peut se procurer et par toutes celles que l'on néglige ou qu'on laisse perdre; la bonne qualité s'obtiendra par la qualité même des substances employées, par leur judicieux mélange et surtout par les soins qui seront apportés à leur fermentation rationnelle. Entrons donc dans la préparation des fumiers dans les étables, dans les soins à leur donner sur les tas et dans les champs jusqu'à ce qu'ils soient enfouis dans la terre où ils doivent opérer.

Le sol des étables et des écuries doit être établi en pente légère, allant de la mangeoire aux derrières des animaux; il doit être égal, bien solide et glaisé avec soin, pour qu'il ne puisse absorber les urines, ni les laisser couler au dehors, pour les laisser toutes à la litière.

Sur le fond glaisé, il convient de faire d'abord une litière terreuse de quelques centimètres d'épaisseur avec de l'argile sèche, destinée à absorber toutes les liquides du fumier que la litière pailleuse supérieure ne pourrait contenir. Tous les quinze jours, ou lorsque l'on reconnaît que cette argile est suffisamment imbibée, on la relève à part, en tas à couvert, pour, ensuite, s'en servir comme fumier, et on la remplace par une nouvelle.

Par ce moyen, on évite le besoin d'une fosse à purin, aucune partie de l'engrais liquide ne se perd, le sol des étables est toujours propre et sain, et on y gagne, chaque année, plusieurs voitures de très-bon fumier terreux, qui est tout à la fois amendement et engrais pour les champs qui le reçoivent.

Sur cette première litière terreuse, on emploie avec tout avantage les genêts, les bruyères et tous les débris végétaux durs et d'une fermentation difficile dont nous avons parlé précédemment; par-dessus, on fait, deux fois par jour, une litière pailleuse pour le bon coucher des animaux et pour recevoir leurs déjections, que l'on répartit ensuite, aussi également que possible, sur toute l'étendue en faisant chaque litière.

Lorsque la litière pailleuse et végétale manque, pour bien absorber tous les excréments et toutes les urines des étables, il faut faire des litières terreuses avec de l'argile, de la tourbe, des gazons ou la terre des fossés; mais on peut employer des terres sablonneuses et marneuses avec avantage, lorsque le fumier est destiné à des sols argileux. En charriant les fumiers, il est facile de rapporter de la terre pour cela et sans beaucoup de frais, puisqu'on revient toujours à vide. Plus cette terre est sèche, mieux elle absorbe et plus elle vaut, par conséquent.

Un fumier bien dirigé peut rester dans les étables jusqu'à ce qu'il y devienne trop gênant; seulement, tous les deux jours, avant de faire la litière, il faut répandre dessus une légère couche de plâtre crû en poudre, ou des poussiers de charbons, ou de la tourbe sèche bien écrasée, ou bien une faible couche d'argile, pour ralentir la fermentation, arrêter la déperdition des gaz et empêcher la mauvaise odeur de se produire.

Par ce moyen, les bestiaux ont toujours un lit sec, moëlleux et tiède, sur lequel il se reposent bien et peuvent respirer un air plus sain que dans la plupart des écuries qui sont nettoyées tous les jours.

En sortant des étables, ce fumier peut être conduit aux champs et enfoui de suite, avec tout avantage, si on a de la place, en composer un tas de fumier, si l'on n'en a pas.

L'emplacement d'un tas de fumier doit être pris de telle façon que les eaux pluviales et les égouts des toits ne puissent l'envahir; il doit, autant que possible, être abrité du midi par un bâtiment, par un mur, ou protégé par une plantation d'arbres.

Le sol de cet emplacement doit être uni et légèrement bombé vers le milieu pour permettre l'écoulement du jus de fumier vers les bords; il doit être glaisé comme le sol des écuries.

Les bords de l'emplacement doivent être pourvus d'une rigole de quelques centimètres de profondeur, solidement établie et bien glaisée aussi, avec une inclinaison suffisante vers une fosse à purin, qui peut être un tonneau défoncé placé en terre pour que le liquide du fumier s'y rende facilement. De temps en temps, on lave ces rigoles avec quelques seaux d'eau et on les nettoye d'un coup de balai.

Pour éviter que les eaux étrangères au fumier ne pénètrent dans cette rigole, elle doit être protégée en dehors par une levée en pente douce vers l'extérieur, construite avec des graviers mêlés d'argile humectée et rendue assez solide pour qu'elle ne soit point dérangée par les roues des voitures.

L'emplacement du fumier doit être assez grand pour contenir en même temps deux ou trois tas; il importe que la surface de chaque tas ne soit pas trop grande, comme il convient qu'il y en ait plusieurs, pour que le fumier ancien ne se trouve pas toujours sous le nouveau et qu'il puisse être enlevé le premier et au premier besoin, tandis que le nouveau se fait.

Sur le fond de chaque tas de fumier, on peut placer, si on en a, un lit de substances végétales d'une nature trop dure et trop résistante pour faire litière dans les étables, après les avoir bien brisées sous les pieds des chevaux et les roues des voitures; elles s'y humecteront et y fermenteront assez pour être charriées comme fumier avec le reste du tas.

Chaque fois que l'on apporte des étables au tas de fumier, il faut avoir soin de le répartir également et de bien tasser partout, pour empêcher la dessication, l'introduction de l'oxigène de l'air extérieur et la déperdition des gaz de la masse.

Ce n'est pas assez: le fumier sortant des étables que l'on apporte au tas, conserve des parties pailleuses et mal humectées, qui résistent au tassement et procurent une fermentation irrégulière; il est donc indispensable de les arroser chaque fois avec le contenu de la fosse à purin étendu d'eau. L'arrosement du fumier modère la fermentation et empêche la déperdition des sels ammoniacaux volatils.

Mais avec notre système de préparation du fumier, il n'y aura jamais assez de purin dans la fosse pour suffire à l'arrosement du fumier chaque fois qu'on vide les étables, c'est vrai; mais les urines et les excréments humains de tout le personnel de la maison du cultivateur sont là pour y suppléer avec tout avantage.

On les recueillera donc tous, comme on l'entendra, pour être transportées dans la fosse à purin du fumier; chaque fois qu'on videra les étables, on les étendra d'eau, on délayera bien le tout ensemble et on le répandra sur la nouvelle couche du fumier, comme nous l'avons dit. On comprend tout de suite la bonne qualité qu'il lui fera prendre.

Trop généralement en France, on laisse perdre cet engrais précieux, par négligence ou à cause du dégoût qu'il inspire; c'est un tort que ne partagent point les cultivateurs éclairés, qui en connaissent toute la valeur; plusieurs agronomes distingués prétendent même que les urines et les excréments d'une personne, pendant une année, peuvent rendre en blé l'équivalent de ce que cette personne peut en consommer pendant le même laps de temps. S'il en est ainsi, que de richesses perdues annuellement. Les Chinois, qui sont plus avancés que nous dans la science des engrais, font un tel cas des engrais humains, qu'ils poussent la précaution, pour en recueillir, jusqu'à placer des vases sur les bords des chemins, qui sollicitent les besoins des passants au profit de leur culture.

Il existe plusieurs manières d'employer les engrais humains ; nous n'en proposons qu'une en ce moment, parce qu'elle convient plus spécialement à notre sujet, que c'est la plus facile à pratiquer et celle qui donne le moins de répugnance.

Sur chaque couche de fumier ainsi arrosé, on peut placer les balayures, les sarclures, les cendres, la sciure de bois, la poussière des chemins, la boue des cours et tous les débris qu'on possède, répandre sur le tout un peu de plâtre cuit ou crû, mais jamais de chaux, ni de calcaire, et, si on n'a pas assez de toutes ces choses pour former sur le fumier une nappe de deux ou trois centimètres d'épaisseur, il faut la compléter avec de l'argile écrasée et bien sèche, de manière que toute évaporation du fumier soit arrêtée au passage par cette couche, qu'elle la garantisse assez de l'action de l'air extérieur et prévienne en même temps la cause et les effets de la fermentation dans les tas de fumier.

Par-dessus cette couche isolante qui recouvre la couche du fumier frais et arrosé, on peut mettre, suivant la saison, une autre couche de feuilles d'arbres, de fougères, de pailles de colza, des brins de bruyères, de genêts, etc. Toutes ces choses empêchent le grattage des poules, abritent le fumier, l'été, contre les ardeurs du soleil, l'hiver, contre les pluies, complètent l'absorption des gaz d'abord, et, après une nouvelle couche de fumier, elles en absorbent successivement le jus, apportent de l'équilibre dans la fermentation et augmentent toujours la masse du fumier tout en le faisant bon.

Lorsque le tas de fumier est arrivé à une certaine épaisseur par ces couches successives, on le recouvre d'une couche de gazon ou d'argile assez épaisse pour le comprimer et arrêter tout dégagement et toute infiltration, et on l'abandonne pour en recommencer un autre à côté, en suivant la même méthode et en observant les mêmes précautions.

Le fumier ainsi traité conservera toute sa valeur, tout son poids, tous ses gaz, tous ses sels et ses sucs salubres, et tout son jus fertilisant ; ce sera du fumier fait, avec toute la force du fumier frais, et il ne pourrait jamais devenir fumier pourri qu'à la longueur du temps, et encore ne perdrait-il jamais qu'une partie de sa masse et fort peu de ses principes fécondants, à cause des éléments terreux, du poussier de charbon et du plâtre qui les retiennent, et que les eaux et l'air extérieur ne peuvent venir leur enlever.

Mais, nous l'avons dit, un bon cultivateur doit toujours s'y prendre de manière à pouvoir charrier son fumier très-souvent, et, autant que possible, en le tirant des étables; par là, il éviterait les soins du tas de fumier et l'encombrement des cours, qui resteraient toujours propres et parfaitement saines.

Que le fumier sorte du tas ou des étables, aussitôt arrivé au champs, il demande à être épandu, et, autant que peut le permettre l'état de la terre, enfoui de suite.

Si on n'a pas la possibilité de l'enfouir immédiatement ou que la gelée s'y oppose, on doit toujours l'épandre en couverture, même sur la neige et sans rien craindre; s'il se lave alors, ce ne pourra être qu'au profit du sol auquel il est affecté, à moins qu'il ne soit en pente et imperméable; s'il s'évapore, il ne perdra que l'eau pure qu'il contient et qui n'a par elle-même aucune valeur comme engrais; s'il se réduit, ce sera sur la terre où il doit se réduire, et comme, épandu, il ne peut fermenter, toutes ses parties conserveront leur valeur intrinsèque pour se dissoudre ensemble, au profit des plantes, lorsqu'il sera enfoui.

Souvent on est gêné de charrier le fumier à temps, parce qu'on n'a pas de place libre pour le mettre dans les champs; mais, d'après les principes que nous venons d'émettre, on comprendra qu'on peut le charrier, sans inconvénients et avec tout avantage, sur les champs ensemencés et l'épandre sur la jeune plante, sur les prairies naturelles et artificielles, pourvu que la pousse de la récolte ne soit pas trop avancée, et achever ainsi toutes les fumures qu'on n'a pas pu faire avant l'ensemencement. Seulement, les fumures en couvertures sur ces récoltes doivent être légères, bien divisées et également réparties dans l'épandage.

Cette manière de fumer est depuis longtemps suivie avec plein succès par beaucoup de cultivateurs. Pendant l'hiver, cette couche de bon fumier abrite la jeune plante contre le froid et l'empêche de se déraciner au dégel; en été, elle la garantit contre la sécheresse et lui conserve l'humidité qui lui est nécessaire; elle active la végétation en tout temps et avance la maturité; elle convient parfaitement à tous les sols qui ne sont pas trop argileux et trop en pente, à toutes les cultures et dans tous les climats; elle peut donc être recommandée autrement encore que parce qu'elle donne le moyen de charrier plus souvent les fumiers et de ne pas les laisser pourrir dans les cours ou dans les rues. Toutefois, nous pensons qu'il ne faut pas en abuser, et qu'il vaut mieux enfouir le fumier toutes les fois qu'on le peut.

La science si utile de faire de bon fumier, d'en faire beaucoup, de l'employer en temps utile et bien, est donc aussi simple que pratique par tous ces moyens; elle satisfait pleinement à toutes les exigences des principes établis pour la bonne préparation des fumiers; elle évite tous les inconvénients des méthodes déplorables en usage; elle est applicable à la petite et à la moyenne culture comme à la grande, et si elle était suivie partout comme elle devrait l'être, nos fermes et nos villages agricoles seraient débarrassés des tas de fumiers et des eaux dégoûtantes qui les encombrent; tous les bestiaux s'en porteraient mieux, l'hygiène publique serait meilleure, le bien-être agricole serait augmenté et sa richesse aussi. Nous croyons que c'est assez pour qu'on n'y soit pas indifférent et qu'au moins on essaie de faire ce que nous avons proposé.

Nous suivrons l'amélioration des engrais, dans des articles suivants, par les engrais verts, le parquage, les comports terreux et les engrais industriels, qui méritent également l'attention de tous ceux qui cultivent ou s'intéressent aux progrès agricoles.

Des Engrais verts.

Le fumier de ferme, préparé comme nous l'avons indiqué, est un engrais composé de substances qui concourent ensemble à la nourriture des plantes et se retrouvent dans leur composition même. C'est donc l'engrais, sinon le plus actif, du moins le plus parfait qu'il soit possible d'obtenir, et c'est pour cela sans doute que la providence de Dieu en a réuni tous les éléments en quantité sous la main du cultivateur.

Les engrais verts sont simples et purement végétaux; ils n'ont, par conséquent, ni les qualités, ni l'effet général du premier; mais ils lui viennent très-utilement comme complément et le remplacent même, dans certains cas particuliers, lorsqu'il fait défaut.

On appelle engrais verts, une récolte que l'on enfouit, en guise de fumier, dans la terre qui l'a produite, ou dans toute autre. Les engrais verts sont cultivés exprès, sont le reste d'une récolte faite, ou sont une introduction spéciale d'un terrain sur un autre.

Les végétaux que l'on doit préférer, pour remplir cette destination, sont ceux qui tirent le moins de la terre et prennent davantage à l'atmosphère pour leur croissance; ceux encore qui fournissent le plus de récoltes végétales et qui coûtent le moins pour l'ensemencement. Presque toutes les plantes légumineuses sont dans cette condition; cependant, quelquefois aussi, on enfouit en vert des seigles, des vesces, des pois, des sarrazins et du colza, mais c'est là une exception qui n'est jamais commandée que par les circonstances.

Comme un produit végétal quelconque double sa valeur comme engrais, en passant par la digestion animale avant d'être employé, nous pensons qu'il serait beaucoup plus avantageux de faire consommer toutes ces denrées vertes aux bestiaux; ils en profiteraient, et la qualité de l'engrais aussi. Cette indication étant suffisante, nous n'en dirons pas davantage sur ce point.

Au nombre des plantes qui sont les plus avantageuses à cultiver comme engrais verts, nous citerons en particulier les lupins et la navette.

Le lupin est une plante très-sobre, puisant beaucoup dans l'atmosphère et prospérant dans les sables, sur les côtes arides et dans les plus mauvais terrains, pourvu qu'ils ne soient pas trop calcaires. A l'état vert, il possède une certaine amertume qui le fait délaisser par les bestiaux; mais sec, il fait un excellent fourrage, et les moutons n'en laissent point; toutes les parties du lupin enfoui en vert sont très-riches en azote, et elles forment, par conséquent, un très-bon engrais simple.

Sous ces deux rapports, le lupin blanc a déjà rendu de très-grands services à notre agriculture pour la fertilité des sols arides, et le lupin jaune a permis la mise en culture des plaines sablonneuses de plusieurs provinces prussiennes.

Pour en récolter la graine et en faire un fourrage sec, le lupin se sème au commencement de mai, et au mois d'octobre pour enfouir en vert; il se sème à la volée sur un seul labour, à raison de deux hectolitres et demi par hectare; on le recouvre à la herse. Lorsqu'il est à sa deuxième fleur, au mois de juin, on passe le rouleau dessus pour l'abattre et on l'enterre d'un labour comme fumier; au mois d'octobre suivant, sa décomposition est assez avancée pour agir comme engrais, au profit de la récolte que l'on veut faire porter au sol.

Les engrais verts du lupin sont d'une grande ressource pour la mise en culture des sols ingrats et maigres, pour les champs éloignés de l'exploitation, comme pour ceux qui sont d'un abord difficile aux charrois de fumiers; d'un autre côté, ils ne le sont pas moins comme fourrage; les fourrages nourrissent des bestiaux, les bestiaux font du fumier, et c'est encore un engrais que l'on tire de la culture des lupins.

La navette vient compléter la ressource des lupins comme engrais vert; elle ne vient pas bien dans de très-mauvaises terres et elle demande un sol déjà cultivé; mais elle vient assez bien partout; elle pousse beaucoup plus vite et se décompose rapidement, de sorte qu'elle n'emblave pas aussi longtemps les terres.

On la sème ordinairement au mois d'août, à la quantité de douze kilogrammes par hectare, soit sur jachères, soit sur récolte de pois ou de pommes de terre hâtives, et on l'enfouit au mois d'octobre pour semer dessus du blé, du seigle ou de l'orge, à qui elle sert d'engrais comme demi-fumure.

Dans certaines contrées, on sème la navette en octobre, après une récolte d'avoine; elle couvre la terre pendant l'hiver; au commencement d'avril, on met dessus une légère fumure que l'on enfouit en même temps pour semer des pois ou des vesces sur le labour, etc. Aussitôt cette récolte enlevée, on donne un nouveau labour au sol, on sème de nouveau de la navette, et, au mois d'octobre, on l'enfouit encore pour semer du blé par-dessus.

De cette façon, la terre a été bien cultivée; elle a donné une récolte et elle se trouve suffisamment fumée pour deux ans.

Voyons le reste d'une récolte faite.

Lorsqu'on n'a pas à les faire consommer par les bestiaux, les fannes de betteraves, de pommes de terre, de carottes et de navets, forment aussi matière à d'excellents engrais verts; enfouis dans la terre, ils s'y décomposent facilement, et, à poids égal, ils font l'effet du fumier sur la première récolte.

Avec ces ressources, qui ne laissent pas que d'être considérables dans certains cas et dans presque tous les trains de culture, il est un autre genre d'engrais vert dont on n'apprécie peut-être pas assez la valeur : c'est celui qui résulte du défrichement des prairies artificielles.

La luzerne et le sainfoin sont des plantes fourragères aussi utiles à l'amélioration du sol que nécessaires à la nourriture des bestiaux et à la bonne production des fumiers.

Comme les lupins, elles plongent leurs racines à d'assez grandes profondeurs pour prendre une forte partie de leurs aliments au sous-sol, tandis que leurs feuilles ont la propriété d'en puiser beaucoup dans les principes de l'air, ce qui ménage singulièrement la terre végétale, pour fournir à leur croissance d'un bout de l'année à l'autre.

La luzerne demande un sol siliceux assez profond, de moyenne consistance, et un sous-sol assez perméable, parce que l'humidité prolongée lui est contraire.

Le sainfoin se plaît, de préférence, dans une terre calcaire et à sous-sol peu profond, où la luzerne viendrait mal.

Ces deux plantes durent plusieurs années en terre sans exiger de culture ni d'engrais, et néanmoins elles donnent plusieurs coupes d'excellents fourrages; après chaque récolte, elles laissent sur la terre tout leur chaume, une partie de leurs feuilles et autres débris, et au défrichement, toutes leurs racines.

Ces racines et tous les débris que le sainfoin et la luzerne donnent au sol qui les a portés sont évalués, par quelques savants agronomes, à 38,000 kilog. par hectare, lesquels peuvent contenir 300 kilog. d'azote, c'est-à-dire autant qu'en contiennent 73,000 kilog. de fumier de ferme à l'état frais; ce qui représente une fumure assez bonne et assez forte pour se faire parfaitement sentir pendant trois ans consécutifs.

Tous les trèfles participent des mêmes propriétés et donnent les mêmes avantages relativement à leur durée. Ils se plaisent, de préférence à tous autres, sur les sols argilo-calcaires frais et de moyenne consistance; ils ne durent qu'une année.

On distingue plusieurs variétés de trèfles : le trèfle rouge vulgaire donne annuellement deux bonnes coupes et un regain qu'il est très-souvent avantageux d'enfouir en automne comme engrais vert; les trèfles incarnats, blancs et le trèfle jaune appelé minette, n'en donnent qu'une seule en juin, mais ils permettent de mieux cultiver la terre après leur récolte. Lorsqu'on veut en faire un engrais vert, on les enfouit en mai, au moment de leur première fleur; si on les récolte, ces trèfles, comme la luzerne et le sainfoin, laissent leurs débris, leur chaume et leurs racines à la terre, et on les estime comme une demi-fumure pour la récolte suivante.

Il est ensuite une autre classe d'engrais verts qui n'est d'aucune utilité pour les bestiaux, qui enrichit le sol sans lui rien coûter, et qui, par conséquent, est tout profit en agriculture, ce sont les roseaux dans certaines contrées et les plantes marines sur les bords de la mer.

A l'époque de leur floraison, on coupe les roseaux pour les transporter sur les champs, comme du fumier de ferme, dont ils ont à peu près la valeur, et on les enfouit de suite ; ils se décomposent facilement dans la terre, et, au mois d'octobre, on peut semer dessus comme sur fumier ordinaire.

Nous avons indiqué précédemment la valeur des sables et coquillages de mer comme amendements ; les plantes marines, que l'on recueille comme épaves sur le bord de la mer ou sur les rochers à fleur d'eau, pendant les marées basses, sous le nom de *goëmon* ou de *varech*, ne sont pas moins bonnes comme engrais vert ; outre leur assez forte proportion d'azote, elles sont riches en carbonate de chaux, en sels de soude et de potasse, ce qui en fait un engrais supérieur, surtout pour les plantations de pommes de terre, de navets et de colzas.

Les plantes marines se transportent dans les champs, simplement égouttées ou après avoir subi un commencement de fermentation en tas pendant quelques jours ; on les épand pour les enfouir de suite dans la terre avec la charrue, et elles s'y comportent comme le fumier et les roseaux.

Ce précieux engrais vert n'est malheureusement qu'à la portée des cultivateurs voisins des bords de la mer ; cependant, sur les côtes où on le recueille avec abondance, on le fait sécher et on le brûle, pour en transporter les cendres, comme engrais particulier, plus avant dans l'intérieur, où elles vont augmenter les ressources fertilisantes de l'agriculture.

Après nos engrais composés, le bon Dieu a mis partout la matière de nos engrais simples : les trèfles pour les sols de constitution argileuse, les sainfoins pour les calcaires, les luzernes pour les siliceux, les lupins pour les sables et les sols arides, et les navettes et toutes les autres plantes pour tous les sols de différentes compositions. Dans les terrains bas et marécageux, il fait venir les roseaux ; sur les montagnes et parmi les rochers, il fait pousser les bruyères, les buis et les genêts ; sur les bords de la mer, il place les varechs, et dans les sols humides, le long des rivières, il fait verdir nos prairies afin que nous puissions facilement nourrir nos bestiaux, engraisser nos terres et recueillir d'abondantes moissons, en récompense de nos fatigues et de nos soins à travailler à son œuvre fécondante.

Une admirable Providence excite donc partout aux progrès agricoles et au bien-être des cultivateurs, en en multipliant ainsi les moyens. Quelque part qu'il soit, le laboureur intelligent n'a qu'à ouvrir les yeux et vouloir, pour saisir ce qu'il faut, pour fertiliser sa terre inculte, ou accroître la fécondité de celle qu'il cultive. Ce n'est vraiment que l'ignorance et le mauvais vouloir qu'elle engendre, qui appauvrissent la terre et sont cause de toutes nos misères. Cherchons donc à nous éclairer et à nous instruire, mettons nos cultures au niveau de nos connaissances , nos peines disparaîtront, et bientôt tout nous deviendra prospère.

Engrais des Parcages.

Comme les engrais verts, l'engrais des parcages est simple : c'est un produit purement animal, comme l'autre est un produit purement végétal ; il vient aussi en dérogation au principe des mélanges et de la fermentation, et par cela même, quoique plus généralement usité, nous ne le considérons que comme un engrais d'exception.

Le parcage est peut-être le plus ancien mode de fumure, et il a été très-longtemps le seul en usage ; ce n'est qu'en grandissant et en s'éclairant que l'agriculture a découvert et employé d'autres engrais.

A l'origine, les peuples pasteurs remarquèrent que là où couchaient leurs troupeaux accidentellement, la végétation des plantes devenait plus belle, et ils les firent parquer ensuite sur leurs terres cultivées.

Dans notre pays même, et jusqu'à notre siècle, qui a développé déjà tant de progrès agricoles, on ne cultivait que les bons sols ; tous les autres restaient en friches ; les troupeaux les pâturaient ; on faisait encore peu de fumier composé, et le parcage était le principal engrais.

De nos jours, cet état de chose est bien changé ; il n'y a presque plus de pâturages naturels ; les troupeaux vivent pendant tout l'hiver à l'étable, et, presque pendant tout le reste de l'année, dans des pâturages cultivés. Il serait très-facile de les nourrir presque toujours à l'étable, et peut-être de supprimer le parcage pour faire plus de fumier avec eux, car, paissant dans les champs, ils n'en font pas du tout, et, parquant la nuit sur la terre, ils ne font pas la quantité qu'ils pourraient faire sur la litière de l'étable.

On a calculé qu'un mouton ou une brebis restant toute l'année à la bergerie, pourraient produire seuls une voiture de très-bon fumier, pouvant fumer 25 ares de terrain, et que, restant pendant le même temps au parc, ils fumeraient à peine un quart de cette étendue : c'est une très-notable différence.

Le parcage, il est vrai, économise la litière et le transport du fumier, mais il a aussi ses frais, et la terre sèche peut remplacer la litière pailleuse avec avantage au besoin. Le crottin de mouton étant sec, la litière n'est nécessaire que pour absorber les urines, en y ajoutant un peu de plâtre de temps en temps, pour y fixer l'ammoniac et ralentir la fermentation.

Le fumier de mouton convient aux terrains argileux et froids, sur les autres il favorise la verse des blés ; un peu terreux, il n'a pas cet inconvénient, et il est remarquablement bon pour la culture des plantes oléagineuses. Le parcage convient surtout aux sols légers, à cause du tassement qu'il lui donne. C'est donc pour eux seuls qu'il faudrait le réserver, et faire pour les terres fortes le plus de fumier possible à la bergerie.

Le parcage doit se faire sur une terre labourée, hersée et assez ameublie pour que les urines la pénètrent bien, et que les crottins puissent se mêler au sol par l'action du piétinement du troupeau.

L'effet du parcage ne dure guère qu'une année ; mais si l'on veut qu'il soit meilleur et ait plus de durée, il suffit de semer un peu de plâtre sur la terre au moment où les animaux entrent dans le parc.

Le parc est un enclos mobile, fait avec des claies ou des barrières en bois, et plus ou moins grand, suivant la force du troupeau ; on a soin de le tenir assez étroit, pour que toutes les parties de l'enclos soient également couvertes d'engrais.

On ne parque ordinairement les troupeaux que pendant la nuit, et chaque nuit on donne deux coups de parc, d'une durée chacun de six ou sept heures ; cependant, dans les chaleurs, lorsque le pâturage est assez abondant pour les besoins des animaux dans la matinée, et, plus tard, dans la soirée, on peut donner un troisième coup de parc dans le milieu du jour ; le troupeau s'y repose, et le parcage gagne en étendue.

Aussitôt que le parcage est fait, surtout sur les terres calcaires, on donne un labour de moyenne profondeur au sol, afin d'éviter la déperdition des gaz fertilisants de l'engrais et son déplacement par les eaux pluviales.

Si la terre a été assez bien préparée pour cela, on peut parquer jusqu'au moment des semailles, et semer directement sur le parcage pour l'enfouir avec le grain.

Au besoin, sur les terres légères, et lorsque le temps n'est pas trop humide, on peut parquer sur le blé en terre, levé et même verdoyant ; souvent nous en avons remarqué les excellents effets.

Un parcage que nous ne saurions approuver en aucune façon, c'est celui qui se fait par les bêtes à cornes, dans certains pays d'herbages, sur les prairies mêmes qu'ils ont pâturées.

A la fin de la saison de l'herbe, on parque ces animaux, pendant la nuit, sur un bout de l'herbage, en avançant toujours vers l'autre bout, jusqu'à ce que tout soit parqué dans son étendue.

Dans ces pays, et pendant près de huit mois de l'année, les bêtes à cornes restent nuit et jour dans les herbages; elles y laissent toutes leurs déjections, qui finissent par en couvrir toutes les parties. Ce serait assurément une somme d'engrais déjà suffisante si, par sa nature froide et aqueuse, cet engrais n'avait pas besoin d'être réchauffé et corrigé de temps en temps par un engrais d'une nature différente; c'est celui-ci qu'il faudrait donner, le parcage est de trop.

Ce mode de pâturage permanent et de parcage de bêtes à cornes qui le suit fait perdre une énorme quantité de fumier à l'agriculture; il est vrai que dans ces pays si riches en bétail, presque tout le territoire est en herbages, qu'on a peu de litière et pas grand besoin de fumier; cependant nous pensons qu'il serait très-facile de tirer bon parti de celui qu'on pourrait faire, soit au profit des cultures, soit à celui des herbages mêmes.

Un bœuf, nourri constamment à l'étable, y consomme l'équivalent de 8,000 kilog. de foin sec, et produit 30,000 kilog. de bon fumier; une vache laitière consomme moitié moins de nourriture, et fait encore jusqu'à 20,000 kilog. de fumier : ce sont les éléments de cette quantité d'engrais que reçoivent les herbages pendant la saison des pâtures. Supposé que les animaux rentrent à l'étable seulement pendant la nuit, chacun d'eux y fera donc la moitié de cette quantité de fumier, les herbages s'en porteront mieux, les bestiaux aussi, et on aura beaucoup de fumier à sa disposition.

Nous considérons donc comme un grand avantage pour les herbagers d'avoir des abris pour y loger leurs bestiaux pendant la nuit, d'y faire de la litière, et de traiter le fumier qui en résultera comme nous l'avons précédemment indiqué pour la préparation de cet engrais; car le fumier fait par les bêtes à cornes vaut infiniment mieux que leur parcage sur les prairies, et permettra d'en fumer chaque année une bien plus grande étendue.

Si le parcage des bêtes à cornes sur les herbages est une perte, et est tout au moins inutile, il n'en est pas de même de celui des moutons : leurs excréments, plus chauds, agissent mieux sur le sol, et activent l'effet de ceux que les bêtes à cornes y ont déposés en pâturant ; il détruit en même temps les mousses et régénère le gazon.

Le parcage des moutons a un mérite incontestable, fait dans les circonstances que nous venons de parcourir ; mais le cultivateur ne doit pourtant pas oublier qu'il diminue notablement la quantité de fumier qu'il peut fabriquer avec son troupeau, et il le tiendra le plus possible à la bergerie, dans l'intérêt même de toute sa culture.

Si la providence a multiplié partout sous nos pas la matière des engrais végétaux, elle n'a pas été moins prévoyante et moins libérale du côté des animaux ; car, avec leurs services, leur viande, leur laine et leur lait, tous nous apportent encore leur contingent d'engrais précieux pour nous donner du pain et toutes choses nécessaires à notre existence et à la prospérité de notre industrie. Tout nous vient en droite ligne de la main de Dieu, nous ne faisons qu'y ajouter et nous l'approprier par notre travail ; et notre travail, intelligent et productif, est encore un don de sa providence qui nous a éclairés et maintenus en force. En moissonnant, en soignant nos bestiaux, en fabriquant nos engrais et en cultivant nos terres, faisons monter la reconnaissance de notre cœur jusqu'à lui ; il nous a créés libres, usons de notre liberté pour nous placer dans ses mains, avec tout ce que nous possédons, car là est la vraie fortune et la parfaite sécurité.

Engrais des composts.

Un compost est une manière de préparer un engrais composé, en utilisant des matières qui n'entrent pas ordinairement dans les fumiers et qui ne peuvent servir d'engrais simples.

Les ressources que Dieu a mis à la disposition du cultivateur intelligent et de bonne volonté sont si grandes que, presque sans le concours du produit de ses récoltes et de ses bestiaux, il pourrait cependant encore faire annuellement une certaine quantité de bon fumier. Cherchons tout d'abord ces ressources.

Chaque jour on balaie les rues des cités populeuses ; ces balayures, composées de toutes sortes de débris végétaux et animaux, s'enlèvent par voitures, et font, par leur nature même, matière à d'excellents composts.

Les rues de nos villages, les cours de nos fermes et nos chemins ruraux, sont aussi chargés de ces débris, dans leurs boues et leurs poussières; ils pourraient donc servir de même, si on se donnait la peine de les ramasser de la même façon, au grand avantage des cultures, de la propreté des communes et de la salubrité publique.

En Bretagne, pour faire des composts, on ramasse soigneusement toutes les herbes, toutes les feuilles et toutes les pousses de broussailles et de mauvaises plantes, qui croissent le long des haies, des fossés et des bois; on pourrait y ajouter encore les sarclures, les émondages, les menues branches de toutes sortes, et beaucoup de gazons qui ne servent à rien dans beaucoup d'endroits.

Voilà des matières végétales à composts; elles paraissent peu importantes au premier aperçu; mais si on considère qu'elles peuvent se ramasser à temps perdu, tout le long de l'année, et que la quantité peut se multiplier par chaque jour, on sera persuadé tout de suite de leur importance réelle comme masse d'engrais annuelle.

D'un autre côté, les éléments terreux qui entrent dans la formation des composts, ne sont pas moins considérables : c'est le limon des rivières, des étangs, des ruisseaux, et la boue des mares et des fossés. Il y en a aussi partout.

Si, de plus, on réfléchit à tout ce qui les forme habituellement, on comprendra bientôt toute leur richesse fertilisante comme engrais. N'est-ce pas d'abord les parties terreuses les plus fines de calcaires, des silices et des argiles; puis toutes sortes de débris organiques de plantes et d'animaux, que les eaux entraînent et déposent au fond de ces réservoirs, avec le jus si précieux des fumiers, avec toutes les urines, les eaux de ménage et tous les sels solubles qu'elles laissent sur la terre en s'évaporant.

Oui sans doute, ces boues et ces vases contiennent déjà tous les principes des bons engrais composés; mais comme elles sont compactes, humides et froides, elles ont besoin d'être traitées particulièrement, avec des matières ayant des propriétés opposées : c'est ainsi que se forment les composts.

Il y a beaucoup de méthodes pour composer et traiter les composts, suivant les lieux et les circonstances, elles sont toutes à bases végétales ou terreuses; nous rapporterons les trois principales, qui consistent en composts pour prairies, en composts pour culture et en composts dits Jouffrets.

Les composts pour herbages ne sont rien autre chose que de la vase égouttée, à laquelle on joint un dixième environ de fumier ordinaire, et

un vingtième de marne, ou tout autre calcaire écrasé, par couches successives, pour en former un tas d'un mètre d'épaisseur, en forme de
tombe.

Lorsque le calcaire manque, on le remplace par de la chaux récem-
ment éteinte à sec, dans la proportion d'un hectolitre pour 20 à 25
mètres cube de compost; une quantité de chaux plus grande serait
nuisible à la qualité de l'engrais, à moins qu'elle ne lui fût incorporée
seulement à la dernière manutention.

Les mares, les cours d'eaux et les fossés se vident ordinairement
pendant les sécheresses de l'été; à l'entrée de l'hiver, le curage est parfaitement égouté; c'est alors qu'on commence à former les tombes,
dans un endroit convenable, ou sur un bout de l'herbage qu'elles doivent engraisser.

Si l'on n'a pas de matières vaseuses en quantité suffisante, on laboure
la partie de l'herbage la plus élevée, celle la plus ombragée, ou celle
où les bestiaux se tiennent le plus souvent, parce qu'elle contient plus
d'engrais animalisé, et on en enlève le gazon pour former les tombes
en remplacement de vases. Cette sorte de dégazonnement ne nuit pas à
la production de l'herbe, et a l'avantage de contribuer au nivellement
du sol.

Deux mois environ après que le compost est formé de limon, de vase
ou de gazon, de fumier et de calcaire, on le remue de fond en comble
pour le diviser et en mêler toutes les parties, et puis on reforme la
tombe à nouveau pour la retourner encore deux ou trois fois, jusqu'à ce
que toute la masse soit bien délitée, et, dans le courant de février, on
l'épand à la pelle sur la prairie ou l'herbage auxquelles il est destiné.

L'effet de cet engrais est des plus remarquables; il se fait sentir
généreusement dans les premières années, et il dure très-visiblement
pendant neuf ou dix ans. Sous ce rapport, c'est l'engrais des prairies
par excellence.

Les compost pour cultures se forment de plantes dures, de mauvaises herbes et de tous les ramassis de poussières et de balayures que
nous avons énumérés en commençant, et aussi de la vase des eaux, de
curages de fossés et de gazons.

L'emplacement du compost doit être à l'ombre et disposé comme
pour les tas de fumiers : sur un lit de végétaux, on fait un lit de
balayures, et, sur celui-ci, un lit terreux, et successivement, jusqu'à

ce que le tas, de forme carrée, atteigne l'épaisseur d'un à deux mètres environ.

Sur chaque couches, ainsi superposées, on jette toutes les cendres diverses dont on peut disposer, de la marne écrasée ou un peu de chaux délitée, pour activer la décomposition des substances ; puis, lorsque la fermentation est en mouvement prononcé, on en règle la marche en la ralentissant par des arrosements avec des purins, des urines et des matières fécales, délayées dans l'eau, comme nous l'avons indiqué pour l'arrosage des fumiers ordinaires.

Après un mois de fermentation, le compost, ainsi préparé et soigné, peut être employé sur toutes les terres et pour toutes les cultures, comme le meilleur fumier de ferme.

Dans la composition du compost Jouffret, il n'entre ni terre, ni boue, ni vase, mais seulement des mauvaises pailles, des mauvais foins, les mauvaises plantes, les sarclures, les émondages des haies, des fougères, des ajoncs, des roseaux, et les menues branchages des genêts et des bruyères, avec toutes les balayures et tous les débris organiques de toute nature qu'il est possible de ramasser en même temps ou petit à petit.

Toutes ces choses obtenues, en tout ou partie, on les accumule comme elles se présentent, sur un emplacement à fumier, jusqu'à une hauteur convenable, et à quelques jours de distance, selon la température et le degré de fermentation, on arrose assez abondamment pour que le tas soit pénétré ; d'abord, avec de l'eau dans laquelle on a délayé des crottins de chevaux, de la bouse de vaches ou des excréments humains, de la fiente de volaille, des tourteaux en poudre, ou, en un mot, toutes choses d'une putréfaction facile ; puis on continue l'arrosage avec le purin qui en résulte nécessairement. Dans les derniers arrosages on l'étend d'eau et on y ajoute de la suie, des cendres, du plâtre en poudre, ou des alcalis, ou du salpêtre.

Pour faciliter l'introduction de ces arrosages dans toutes les parties du compost, on y pratique des trous assez profonds, avec un pieu en bois ou en fer. Les premiers arrosages déterminent la fermentation ; la nature des derniers la ralentit, fixe les sels et empêche la déperdition des gaz fertilisants.

Quinze jours ou trois semaines de fermentation suffisent pour avancer assez la décomposition et permettre d'employer le compost aux champs comme fumier.

Nous considérons les deux premiers composts comme très-utiles, en ce sens qu'ils ont une affectation spéciale, que le fumier ne peut avoir au même degré, et parce qu'ils sont une bonne manière de tirer le meilleur parti possible de substances qui entreraient mal dans la bonne composition du fumier ordinaire.

Mais il n'en est pas de même du dernier; tout ce qui le compose peut parfaitement aller en litière ou au tas de fumier, et ce compost ne peut avoir d'autre affectation que celle du fumier ; nous ne pouvons donc lui reconnaître d'utilité réelle qu'au cas où on manquerait de bestiaux pour convertir toutes ces matières en bon engrais, ou bien, dans certains cas particulier, et c'est pour cela que nous en avons parlé.

Comme nous le disions en commençant, il est certain qu'au moyen des composts un cultivateur intelligent peut fabriquer de bons fumiers, sans le concours de bestiaux, et en utilisant seulement les ressources que la Providence lui a données en dehors du produit direct de ses cultures, et de ceux de l'industrie mercantile des engrais, qui nous restent à examiner.

Engrais. — Fiente de volailles. — Guano.

Sous ce titre, nous comprendrons non-seulement les engrais de basse-cour en général, mais aussi le guano en particulier.

Depuis plusieurs années, le guano est employé avec tant de succès en agriculture, que son nom est devenu populaire ; mais beaucoup ne le connaissant encore que de nom, nous devons d'abord, en peu de mots, dire ce que c'est.

Avant de nous parvenir, le guano a franchi le temps et les distances : dans des îles éloignées et inhabitées, sur des plages désertes, d'immenses multitudes d'oiseaux de mer, de temps immémorial, se retirent pour reposer la nuit, et le jour, pour pondre, couver et mourir.

Leurs excréments et leurs cadavres, accumulés par les siècles, y ont formé des dépôts de matières, dont quelques-uns ont jusqu'à 20 mètres d'épaisseur, sur une assez grande étendue. Voilà le guano et la cause de sa formation.

Le guano est donc une substance purement animale décomposée, maintenue dans ses gîsements par les dispositions du sol, et conservée dans la puissance de ses principes par les continuelles émanations de la mer.

Pendant des milliers de siècles, peut-être, ces dépôts sont restés solitaires et cachés ; Dieu n'en a permis la découverte qu'à l'époque où l'effort de la civilisation mettait en culture les friches du Nouveau-Monde, et où le sol de la vieille Europe épuisé avait besoin de se régénérer pour nourrir ses enfants.

C'est toujours par de petits moyens, avec le temps et dans des voies inaperçues que la Providence prépare les grandes choses.

Celui qui aurait dit, il y a cinquante ans, qu'à l'heure du besoin, une fiente d'oiseaux de mer viendrait suppléer au manque d'engrais, en quantité telle, que l'agriculture anglaise en consommerait annuellement, pour sa part, plus de cent cinquante-cinq millions de kilogrammes, eût certainement été traité de fou, et cependant rien n'est plus vrai aujourd'hui.

Et quel engrais que le guano ? L'analyse chimique constate que le bon guano du Pérou contient plus de 50 pour 100 de matières organiques et de sels ammoniacaux, et environ 25 pour 100 d'acide urique, principe de l'azote ; qu'ainsi il est le plus riche, en principes fertilisants, de tous les engrais connus.

Il se trouve très-éloigné de nous, il est vrai ; mais il rachète cet inconvénient en renfermant toute sa valeur sous le plus petit volume possible, dans un état parfaitement maniable et se prêtant aux transports par les plus grandes distances.

Richesse d'où il vient, richesse où il va, profit pour la marine et le commerce, le guano est la vraie mine d'or du Pérou pour notre époque de progrès agricoles.

Les mêmes causes produisent partout les mêmes effets ; celles qui ont formé les premiers gîsements de guano découverts en ont formé d'autres sur plusieurs points des grandes mers du globe. On en découvre tous les jours de nouveaux ; toutes les découvertes ne sont certainement pas à bout, et le guano ne manquera pas de sitôt ; seulement les gîsements sont plus ou moins faits et de différentes qualités, selon que la nature du climat et les dispositions du sol où ils se trouvent leur ont été plus ou moins favorables ; il nous serait donc difficile ici d'en déterminer le mérite relatif.

Il n'y a pas que les oiseaux de mer pour faire du guano : les chauves-souris en font aussi dans les grottes et dans les caves des vieux châteaux abandonnés, où elles se trouvent en quantité. En France et en Piémont, on en a découvert des couches assez épaisses pour en tirer parti.

Malgré sa grande puissance comme engrais, l'effet du guano se fait peu sentir au-delà d'une année ; toutes ses parties composantes étant très-solubes, elles agissent activement sur la première récolte et s'effacent promptement dans la terre. Pour lui donner plus de consistance et de durée, on le mélange, avant de l'employer, avec un quart de son poids de charbon de bois pulvérisé, ou bien avec moitié de plâtre en poudre.

Employé à la fumure du blé et des autres céréales, le guano porte ces plantes à une belle et active végétation, en favorisant beaucoup plus la production de la paille que celle du grain ; cette propriété le distingue, surtout pour les récoltes fourragères et pour celles à racines.

Le guano se sème à la volée, aussitôt après le grain, à la quantité de six hectolitres, pour la fumure complète d'un hectare. Un hectolitre de guano du Pérou pèse à peu près 93 kilog.

Mais le mieux serait de n'employer le guano, pour les céréales, qu'à l'aide du semoir. Cet utile instrument économise déjà de beaucoup la semence ; il économiserait aussi de beaucoup l'engrais. Placé toujours dans le voisinage du grain, le guano n'agit alors qu'au profit de la récolte, et, semé ainsi, à la dose que nous venons d'indiquer, son action fertilisante peut être comparée à celle du meilleur paccage.

Sur les prairies naturelles et artificielles, le guano se sème à la volée, au mois d'avril, quatre hectolitres suffisent par hectare.

Les engrais de basse-cour et de pigeonniers, quoique moins riches et moins puissants, ont beaucoup de rapports de nature et d'effets avec le guano ; mais il faut prendre quelques précautions pour leur conserver toute leur valeur.

La colombine, ou fiente de pigeons, contient, à l'état frais, un douzième de son poids d'azote et jusqu'à 25 pour 100 de matière soluble. Putréfiée par la fermentation, elle perd les deux tiers de ces principes fertilisants ; il ne faut donc pas la laisser entrer en fermentation ; il en est de même de la fiente des poules.

La fermentation des fientes a encore un autre inconvénient : aussitôt qu'elle se fait, elle dégage de mauvaises odeurs et elle engendre des insectes qui tourmentent les volailles et leur nuisent considérablement.

Pour empêcher cela, il faut couvrir le sol des pigeonniers et des poulaillers d'une couche d'argile sèche et écrasée pour recevoir les fientes ; et aussitôt qu'on s'aperçoit qu'une mauvaise odeur peut commencer à se faire sentir, étendre une nouvelle couche d'argile sur la fiente elle-même.

Sans cette précaution qui empêche toute fermentation et toute perte de gaz, il faudrait vider les habitations des volailles tout aussitôt que l'échauffement des matières commence, et les mélanger, en les retirant, avec du poussier de charbon ou du plâtre en poudre, pour fixer dans la masse les principes fertilisants.

On fait la même chose pour les oies et les canards ; seulement, comme la fiente est beaucoup plus liquide que celle des autres volailles, il est bon de leur faire de la litière et même d'arroser le fumier de temps en temps ; ainsi traité, ce fumier fait un engrais d'une remarquable énergie.

Les engrais de basse-cour, et notamment celui des pigeonniers, sont très-chauds et très-puissants ; à cause de cela, s'ils n'ont pas été mêlés, en se faisant, avec au moins autant d'argile sèche, on ne les emploie que mélangés avec du terreau, de la tourbe écrasée, des cendres végétales ou minérales.

La colombine, mélangée comme nous l'avons dit, se sème à la volée comme le guano, pour les céréales, à la quantité de huit hectolitres par hectare et sur la semence.

Semée à la fin de mars, à une quantité moitié moindre sur les cultures qui languissent, dans des terrains humides, froids et tenants, elle réchauffe la terre et pousse la végétation.

Semée à la même époque et à la même quantité sur les prairies artificielles, elle y produit bientôt des effets merveilleux. Il en est de même sur les cultures légumineuses et plus particulièrement sur celles de lin et de tabac.

Dans le nord, on s'en sert avec avantage dans les engrais liquides, et elle est partout excellente, mêlée avec l'eau des purins, pour l'arrosage des composts et des fumiers.

Les engrais de poulaillers sont moins forts et moins énergiques que la colombine ; mais, quoique à un degré moindre, ils produisent les mêmes effets ; ils s'emploient de la même manière et aux mêmes usages.

La fiente de poules se durcit plus fort en séchant que celle des pigeons ; si elle est trop sèche au moment de l'employer, on l'arrose légèrement, on la bat le lendemain pour la bien diviser, et on retire, avec un rateau, les brins de paille capables de contrarier l'opération du semage.

Lorsque l'on sème ces engrais en couverture, au printemps, sur une récolte quelconque, il faut, autant que possible, les recouvrir d'un léger trait de herse, si le temps ne se prépare pas à la pluie; autrement, la chaleur de l'engrais attaque les plantes sur lesquelles il se trouve et les fait jaunir, jusqu'à ce que l'humidité l'ait rafraîchi et dissous.

Ces engrais, nous le savons bien, ne se produisent pas en grande quantité, comme le fumier ordinaire, mais leur valeur dépasse leur volume, et ils ont des utilités particulières, qu'il était très-bon de rappeler ici pour les faire passer dans la pratique.

Nous l'avons déjà remarqué plusieurs fois, dans l'économie générale, c'est l'accumulation des petites choses qui donne les plus grands résultats, et ce fait est très-constant en agriculture, où tout est par brins et ne vient qu'avec le temps.

Les plus petites choses sont donc précieuses, surtout lorsqu'il s'agit d'engrais : la nourriture végétale, qu'est-ce? sinon le nécessaire pour les animaux, l'abondance pour l'homme qui cultive, et les éléments matériels de la prospérité sociale? but de nos soins, de nos efforts et de notre travail de chaque jour.

Ce résultat, tout matériel qu'il soit et qu'il paraisse, est cependant la base de l'ordre par le bien-être; de la liberté des intelligences, par les moyens de l'instruction. Comme ces deux choses sont celles du développement de la charité dans les cœurs et de la puissance éclairée dans les volontés, qui donnent seules toute sa valeur à la moralité de l'homme de bien.

Engrais artificiels.

La nécessité d'augmenter les engrais pour augmenter les récoltes, et d'en avoir de spéciaux pour les cultures industrielles et pour certains sols, a donné naissance aux engrais artificiels.

Sous cette dénomination, nous entendons tous les produits industriels que l'agriculture achète dans le commerce sous le nom de *noirs divers*, et qui se trouvent maintenant à peu près partout en usage.

Comme on le pense bien, tous ces engrais ne sont pas également bons; on peut être trompé sur leur nature et leur qualité en les achetant; il faut s'en rapporter à l'analyse chimique, à la loyauté du négociant, et ne pas hésiter à s'en servir.

En indiquant les principaux, nous allons dire comment le cultivateur pourra les reconnaître, et tirer lui-même parti des matières qui entrent dans leur fabrication.

Le plus anciennement en usage de tous les engrais artificiels est la *poudrette*, qui se fabrique avec le produit des vidanges des grandes villes.

La poudrette est le produit pur, simplement desséché et réduit en poudre; c'est un engrais très-riche en principes fertilisants, lorsqu'on a eu soin de les fixer dans les fosses et de ne pas les affaiblir dans la manutention qu'ils subissent.

Lorsque ce produit a été mélangé et incorporé, en sortant des fosses, avec une certaine quantité d'argile carbonisée, de vase, de tourbe, de terreau ou de tan calciné, il prend la dénomination de *noir animalisé*.

Le noir animalisé et la poudrette s'emploient à la quantité de 20 à 30 hectolitres par hectare, suivant le mérite ou la force de fumure qu'on veut donner à la terre pour les céréales. Sur tous les sols, ils poussent à la paille et au grain.

On les sème à la quantité de 10 hectolitres par hectare sur les prairies naturelles et artificielles, ou bien on les débite en engrais liquide par arrosement ou irrigation. Des deux manières, l'effet est excellent; mais il est moins remarquable sur les trèfles et les luzernes que sur les autres fourragères.

Sous le nom de *noir animal*, les raffineries de sucre fournissent un engrais qui n'est rien autre chose que des os calcinés et réduits en poudre; il contient, par conséquent, beaucoup de phosphate et fait un engrais supérieur pour les défréchis, les terres à bruyères et toutes celles qui sont plus ou moins enracinées et pourvues de débris.

Après ces noirs en viennent d'autres sous des noms divers; nous ne les distinguerons que d'après leur provenance, pour les faire mieux comprendre.

Dans les établissements d'équarrissage, avec les matières organiques et intestinales des animaux morts ou abattus, on forme la base d'un excellent engrais pulvérulent, auquel on ajoute des produits de vidanges que l'on macère avec de la tourbe et de l'argile calcinée, des cendres et diverses autres matières, suivant les lieux et les procédés particuliers du fabricant.

Cet engrais, à cause de la qualité et de la variété des principes qui le composent, est d'un très-bon effet partout ; employé comme la poudrette, et à la même dose, il produit souvent des résultats remarquables et bien supérieurs.

Les poissons forment aussi la base d'un bon engrais artificiel : dans les ports de mer, où on se livre en grand à l'industrie de la pêche, avec les *tangrum* ou résidus de la fabrication d'huile de poisson, les poissons gâtés et tous les débris de ceux qui ne le sont pas, auxquels on joint des matières animales, végétales et minérales, pour les absorber, on fabrique un engrais particulier assez puissant pour être activement recherché par l'agriculture.

Dans d'autres endroits, selon les ressources du commerce et de l'industrie locale, on se sert pour fabriquer des engrais, des résidus d'épuration d'huile et de graisse, de mares de colle, de tourteaux, de graines oléagineuses, du sang des abattoirs, des déchets de boyasseries, des rognures de cuirs et des débris de tanneries, de vieux chiffons de laine, de bourres et de poils de toutes sortes, de débris de plumes, de râpures de cornes et de sabots d'animaux ; en un mot, de toutes les substances d'origine animale et végétale qui, comme toutes celles-ci, sont très-riches en principes fertilisants.

Nous ne pouvons entrer ici dans le détail de la fabrication particulière de ces engrais ; il nous suffit d'en avoir indiqué les matières, pour que le cultivateur les mette à profit et sache de quoi se composent les engrais pulvérulents qu'il achète.

Tous les engrais artificiels en poudre s'emploient comme le guano, au moment de la semence, pour les cultures céréales, oléagineuses, légumineuses et herbacées.

Pour les plantations, on dépose l'engrais avec la main en même temps que le plant, dans le sillon ou l'emplacement fait en terre pour les recevoir. Il en est de même pour les repiquages.

Le cultivateur peut préparer lui-même la plupart des engrais artificiels, en se procurant les matières.

Les vieux chiffons de laine, les bourres, les rognures de cuir et de corne, ainsi que tous les autres débris animaux dont nous avons parlé plus haut, se mettent en tas avec trois ou quatre fois leur volume de fumier ; on les arrose de temps en temps avec des purins ou des liquides composés comme pour les composts Jauffret, et bientôt ils forment un engrais de longue durée sur le sol ; une voiture équivaut à quatre de fumier ordinaire, pour l'effet qu'elle produit sur toutes les cultures.

Le sang dés animaux est un des engrais les plus énergiques que l'on connaisse : liquide et mélangé à une grande quantité d'eau, il s'administre sur la terre en arrosage ; mais il vaut mieux le faire absorber par des terres sèches auxquelles on a mêlé du poussier de charbon ou du plâtre en poudre, pour en fixer les principes, et l'employer ensuite comme engrais pulvérulent.

Les pains de créton ou résidus pressés des fonderies de suif donnent aussi matière au plus puissant engrais ; on les brise d'abord par morceaux, puis on les met détremper dans l'eau chaude ; quand la division est ainsi bien opérée, on les mêle avec des substances végétales ou terreuses, également bien divisées, pour les employer tout de suite sur la terre ; ou bien les répartir sur les tas de fumier ou dans les composts, pour augmenter leur qualité fertilisante.

Avec les tourteaux provenant des huileries, on peut faire la même chose ; l'engrais des tourteaux se recommande en particulier pour les plantations de colza, car il restitue à la terre une partie des éléments nutritifs que la récolte de graine grasse lui a précédemment enlevés.

Mais ce qui surtout doit arrêter notre attention et fixer notre volonté, ce sont les engrais considérables par leur volume et par leur qualité que nous pouvons retirer des cadavres des animaux morts, grands ou petits.

La mortalité des bestiaux est toujours trop grande malheureusement, et les cadavres, ordinairement traînés dans les champs, sont nuisibles à tout le monde et restent sans profit pour personne.

Après s'y être repus, la morsure des chiens et les piqûres de mouches communiquent bientôt des affections charbonneuses aux animaux qui en sont atteints ; la mortalité s'augmente ainsi dans tout le bétail, sans compter que les hommes en sont souvent atteints. Qui nous dira les pertes et les malheurs que l'agriculture éprouve par le charbon chaque année ?

N'y aurait-il que cet inconvénient à prévenir, que nous insisterions pour que les cadavres des animaux morts soient partout et toujours enterrés ; mais, en les enterrant, on se ménage encore un engrais qui vient en compensation de la perte du bétail par un surcroît de récolte.

Pour préparer cet engrais, on ouvre une fosse assez profonde dans un endroit convenable, et on y jette toutes les parties de l'animal avec un peu de chaux vive, si on veut activer la décomposition ; par dessus, pour empêcher la déperdition du gaz, et, par suite, toute mauvaise odeur, on jette une couche d'argile sèche mêlée de plâtre ou de charbon écrasé et on remplit la fosse de terre.

Au bout de quelques mois, la décomposition du cadavre étant faite, on rouvre la fosse pour en retirer le contenu que l'on met en tas, avec autant de tourbe sèche, de terreau ou de tan des tanneries, et quatre à cinq fois leur volume de terre végétale quelconque. De quinzaine en quinzaine, pendant deux ou trois mois, on remue le tas de fond en comble, et l'engrais qui en résulte peut s'employer à la manière des composts et des engrais pulvérulents. A volume égal, cet engrais vaut vingt-cinq ou trente fois le fumier de ferme sur toutes les terres.

Les ossements qu'on a retiré de la fosse en même temps que la matière organique décomposée, s'enfouissent dans les tas de fumiers et doivent y rester jusqu'à ce qu'ils puissent être facilement brisés pour être mélangés à d'autres engrais, ou employés seuls comme le noir animal des raffineries, dont ils ont toutes les propriétés à un degré bien supérieur.

En retirant toutes ces matières cadavériques de la fosse, il faut éviter de les toucher avec les mains, ou prendre la précaution de les tremper de temps en temps dans une dissolution de chlorure de chaux affaibli, car la plus petite égratignure pourrait devenir dangereuse pour l'opérateur.

Lorsque la fosse n'est pas ouverte, les cadavres des petits animaux se placent tout bonnement dans les tas de fumier, où ils cessent d'être dangereux pour être profitable.

Tous les débris, tous les résidus et toutes les rognures, insignifiantes en apparence, que nous venons d'énumérer, alimentent cependant des fabriques d'engrais considérables, et la quantité que la seule ville de Nantes livre à la consommation agricole est presque incroyable. Si on faisait de même dans tous les centres de population, et si on voulait en tirer parti dans les communes rurales, comme nous venons de le dire, notre agriculture serait bientôt au-dessus des besoins d'engrais, et notre riche et beau pays n'aurait plus aucune mauvaise récolte à craindre dans l'avenir. L'engrais artificiel est une branche du progrès agri-

5

cole que chacun doit contribuer à faire fleurir pour en récolter les
fruits.

Engrais des irrigations,

La science agricole démontre que l'eau courante est un puissant engrais sur le sol; depuis longtemps déjà l'expérience l'avait prouvé.

De temps immémorial, les débordements périodiques du Nil donnent
au sol de l'Égypte une fertilité inépuisable.

De même, dans nos climats, les débordements réguliers des rivières
rendent les prairies qui les reçoivent les plus productives, sans le concours d'aucun autre engrais.

Les prairies qui ne reçoivent pas les eaux sont toujours les moins
bonnes, quoique fumées souvent; mais si l'on vient à les arroser par
l'irrigation, elles peuvent se passer d'engrais, et rapportent bientôt
deux tiers en plus qu'auparavant.

Cette expérience, voici comment la science l'explique :

L'eau tempère le froid et le chaud sur le sol, et fait prendre à ces
deux actions atmosphériques un équilibre normal; elle est aussi nécessaire à la végétation que l'air et la lumière, et elle entre pour deux tiers
dans la composition des plantes. Point d'eau, point de récoltes.

En traversent la terre, l'eau laisse son hydrogène, l'ammoniaque et
l'azote qu'elle contient, gaz précieux dont la végétation fait bientôt
son profit.

De plus, toutes les eaux courantes sont chargées de carbonate de
chaux, de soude, de potasse, de magnésie et d'autres éléments minéraux en dissolution, suivant la nature des sols qu'elles ont traversés et
la formation des terrains qu'elles ont parcourus.

Dans leurs cours, elles reçoivent encore toutes sortes de substances
organiques, et entraînent avec elles, pour les déposer sur les terres, de
l'humus et des fins limons; l'eau courante est donc un engrais des plus
complets.

Mais, remarquons-le bien, il faut que l'eau soit courante; dormante,
elle se décompose très-vite, et décomposée, elle devient comme un
poison à la plante.

Toutes les eaux courantes ne sont pas également bonnes; les eaux de sources sont trop vives et trop peu aérées ; les eaux provenant de la fonte des neiges sont trop froides, et celles sortant des forêts et des marais , sont trop acides et astringentes ; les eaux des fleuves, des rivières et des ruisseaux sont excellentes.

Cependant, à défaut de celles-ci, on ne doit pas négliger les autres , la chaux, ou tout autre calcaire, corrige la vivacité de l'eau de source, et la cendre fait perdre l'acidité des eaux de marais et de forêts.

L'eau, abandonnée à elle-même, devient quelquefois un grand fléau ; mais, utilisée et dirigée par l'irrigation, elle est toujours une richesse. Entrons dans la pratique.

Irriguer un sol, c'est y amener l'eau par une ou plusieurs conduites, l'y répandre à volonté sur toute son étendue par un système de rigoles, et la retirer de même.

Si le sol à irriguer a son niveau au-dessus de la rivière, il faut chercher à ouvrir la pièce d'eau en amont, sur un point plus élevé, pour établir une pente et déterminer un courant par le canal d'arrivage ; ce canal doit aboutir à une ou plusieurs rigoles de distribution, coupant la pente du terrain sur toute son étendue, du côté le plus élevé, pour opérer le déversement vers les côtés les plus bas.

Si, au contraire, le sol est au-dessous du niveau de l'eau, la prise d'eau peut se faire par une ou plusieurs ouvertures en saignées sur les bords mêmes de la rivière. Ces prises d'eau doivent s'approprier aux différents modes d'irrigation.

Selon qu'il s'agit d'irriguer des prairies, des terres cultivées, des jardins ou des rizières, l'opération se fait par déversement, par infiltration ou par submersion : les deux dernières méthodes peuvent aussi s'appliquer aux prairies ; mais la première est plus généralement usitée et leur est bien préférable.

C'est la pesanteur qui fait couler l'eau dans le lit des rivières, et sa marche se ralentit ou s'accélère suivant le degré de la pente ; c'est aussi ces mêmes lois qui la font couler sur l'herbe des prairies irriguées. Il faut donc calculer la pente et faire qu'elle ne soit ni trop forte ni trop faible, la nappe d'eau courante ne devant pas avoir plus de trois millimètres d'épaisseur et une vitesse de plus de trois à quatre mètres par minute.

Pour régler sa marche, on ouvre, sur toute la largeur de la prairie, plusieurs rigoles de distribution longitudinales, parallèles à la plus élevée, de manière que l'eau s'épanchant de l'une, soit reçue par l'autre du haut en bas, après avoir couvert successivement chaque bande de la prairie.

L'eau doit arriver sur l'herbe par déversement ou par petites saignées des rigoles pleines ; son parcours se régularise par des petites rigoles en ramification sur les principales, par des petits rebords et quelques petits barrages faits à propos, où l'inégalité du terrain le demande. Les principales rigoles s'ouvrent ou se ferment par des petites vannes, comme pour les moulins à eau.

En temps doux, on peut irriguer les prairies pendant l'hiver, en ayant soin de ne pas se laisser surprendre par le froid ; mais généralement l'irrigation commence au printemps pour se continuer jusqu'à ce que l'herbe soit assez forte pour couvrir le sol.

On peut, du reste, irriguer en tout temps, jusque dix jours avant la coupe des foins ; lorsqu'il pleut, on arrête l'opération, et lorsqu'il fait chaud, on ne la pratique que pendant la nuit. Lorsque le foin est récolté, on irrigue encore pendant quatre ou cinq jours, pour déterminer la pousse du regain et profiter des eaux d'automne, qui sont encore plus chargées d'engrais que celles du printemps.

L'irrigation des terres cultivées se fait par infiltration ; si la culture se fait par sillons, on ménage des rigoles au sommet, que l'on met en communication avec la rigole principale d'alimentation ; l'eau, qui tend toujours à descendre, a bientôt imbibé les deux versants, et alors on l'arrête.

Si, au contraire, la culture est faite à plat, on ouvre des rigoles peu profondes dans le sol, à des distances plus ou moins rapprochées, selon sa plus ou moins grande perméabilité ; on les met aussi en communication avec la conduite d'eau, jusqu'à ce qu'elle ait pénétré partout.

Du mois d'avril jusqu'à l'épiage, on donne l'eau dans les rigoles, suivant les besoins de la végétation ; on la donne une autre fois encore après la floraison, et ensuite après la récolte, pour faciliter les labours.

La troisième méthode par submersion ne se fait avec avantage que sur des terrains plats, perméables et à sous-sol filtrant. La surface du sol doit présenter des rebords assez élevés à ses extrémités pour retenir l'eau sur toute l'étendue. Lorsqu'on veut irriguer, on ouvre la conduite d'eau en plusieurs endroits, on laisse bien couvrir le sol, puis on ferme les issues d'arrivage, pour ouvrir, presque aussitôt après, ceux d'écoulement. Si la température est un peu élevée, l'opération ne doit durer qu'une nuit et ne point laisser séjourner d'eau nulle part.

Aux prairies irriguées par déversement, il faut beaucoup d'eau, et l'opération peut durer vingt-cinq ou trente jours; aux champs irrigués par infiltration, il en faut beaucoup moins, et l'opération ne peut durer au-delà de deux ou trois jours; à ceux irrigués par submersion, il en faut encore moins, et l'opération ne peut durer plus de vingt-quatre heures, en observant que l'eau doit couler continuellement, soit pour arriver, soit pour se retirer.

Par l'irrigation, le sol s'engraisse constamment, la récolte devient immanquable, quelque temps qu'il fasse, et son produit est toujours d'une qualité et d'une abondance extraordinaires.

Une fois le système de rigole établi, l'irrigation ne coûte au cultivateur qu'un peu de soin pour lui donner beaucoup; il ne la négligera donc pas, puisque Dieu a mis le riche engrais de l'eau à son service et à si peu de frais.

Une prairie irriguée ne demande pas de fumier; il en faut tous les trois ans à celle qui ne l'est pas. En bonne économie, ce fumier peut parfaitement aller aux cultures qu'on ne peut pas arroser.

« Qui a du foin a du pain », dit un vieux proverbe souvent répété. Pour avoir du foin et du pain, il faut irriguer ou fumer, et on ne fume bien qu'en irrigant beaucoup; sans irrigation, le fumier est difficile à obtenir et coûte cher; avec l'irrigation, on nourrit plus de bestiaux, on a plus de matières, il devient facile à faire et coûte peu. L'irrigation donne du foin et du pain à bon marché, et, par surcroît, elle donne encore de la viande et du lait, avec quoi le cultivateur peut bien vivre et mieux faire ses affaires.

L'irrigation est donc une source de prospérité agricole qu'il faut faire couler partout où il est possible. Elle termine nos considérations sur les engrais, pour nous laisser à celles des assolements.

De l'assolement.

Les principes de l'assolement se déduisent de ceux que nous avons rappelés pour l'amendement, la culture et les engrais; ils sont le couronnement théorique et pratique de toute bonne agriculture, comme ceux ci en sont la base bien entendue.

L'assolement est le bon aménagement de la terre, par rapport aux besoins de la plante cultivée, comme l'amendement est la bonne constitution du sol, lé labourage sa condition de fécondité et les engrais ses moyens de bons rapports. L'assolement a pour but de maintenir toutes ces conditions essentielles, d'en faire jouir les récoltes avec le plus de profit pour la culture et le moindre épuisement pour la terre.

Nous savons déjà que toutes les plantes cultivées puisent leurs éléments constitutifs comme à trois sources principales : les principes minéraux dans le sol, les principes organiques dans les engrais et les principes vitaux dans l'atmosphère. C'est un triple concours apporté à l'unité de l'action végétale sur le sol que l'assolement doit diriger.

Pour bien comprendre la nécessité de cette direction, il faut savoir que chaque nature de récolte prend plus ou moins à chacune de ces sources ceux des principes divers qui lui conviennent spécialement, et rejette tous les autres, de telle sorte qu'une récolte peut épuiser un élément minéral et organique sur la terre cultivée, en augmenter d'autres et préparer ainsi l'abondance à une récolte d'une autre nature que la sienne, ou la disette à celle d'une même sorte qui viendrait à lui succéder sans intervalle.

Les cultures agricoles sont ordinairement de trois natures différentes : les plantes sarclées, les plantes céréales et les plantes fourragères. Chaque genre de culture a ses effets particuliers.

Les prairies artificielles, par exemple, puisent, par leurs longues racines, la majeure partie de leurs substances inorganiques dans le sous-sol, et, par leurs feuilles multipliées, toutes les autres substances qui sont nécessaires à leur croissance dans l'air; ces deux sources sont inépuisables, et le peu qu'elles peuvent prendre au sol cultivé se trouve largement compensé par les débris qu'elles lui laissent toujours. Ainsi, ces cultures sont améliorantes et peuvent durer plus longtemps que toutes autres.

Les plantes sarclées, au contraire, puisent à la fois dans le sol, dans le sous-sol et dans l'air; elles laissent peu de débris, elles épuisent davantage et, par conséquent, leur culture ne peut se maintenir avec succès, pendant quelque temps, que par des engrais appropriés à leurs besoins spéciaux.

Les plantes céréales, le froment, le seigle, l'orge, l'avoine et toutes les autres graminées, prennent peu dans l'atmosphère, rien au sous-sol et presque tout dans le sol et les engrais ; d'où il suit que leur culture est la plus épuisante, et qu'elle ne peut se succéder qu'alternée avec d'autres, de nature différente, sans appauvrir très-promptement le sol de leurs éléments constitutifs et sans finir par de mauvaises récoltes.

Les substances organiques que les plantes puisent dans la terre cultivée sont principalement les phosphates, les sulfates, la soude et la potasse, pour la composition des grains et de la viande ; les céréales prennent la silice pour former leurs pailles et l'acide phosphorique pour leurs grains. La culture des racines, telles que les pommes de terre, les betteraves, les carottes et les navets, prennent la potasse et la soude, tandis que les pois, les fèves, les tabacs et les plantes analogues, y prennent plus particulièrement le phosphate de chaux.

Ces substances retournent, en partie, à la terre par les fumiers composés avec les substances organiques, mais beaucoup ne peuvent lui revenir en suffisance que par des engrais particuliers ou que par la succession des récoltes.

Les substances que l'atmosphère fournit aux plantes le carbone, l'hydrogène, l'oxygène et l'azote, qui forment plus spécialement les matières grasses, la fécule, l'amidon, le sucre, etc., ne peuvent lui revenir en quantité suffisante que par le même moyen, quoique l'air en soit le réservoir principal.

Ainsi, au point de vue chimique, un bon assolement opère la répartition régulière de ces substances sur chaque culture successive, de nature différente, et ménage, au profit de chacune d'elles, l'efficacité des fumiers et des engrais.

D'un autre côté, au point de vue physique, la nécessité de la succession des récoltes de nature différente, n'est pas moins visible. La terre cultivée est un peu comme tout ce qui travaille ; elle se fatigue très-vite si on l'assujettit constamment à une même élaboration, et elle se repose en en faisant une autre, quoiqu'en travaillant toujours.

De même aussi, la plante est comme tout ce qui se nourrit ; elle a ses aliments propres, et pour ne pas s'en dégoûter, elle les demande variés et bien préparés ; c'est ce que fait l'assolement.

Et puis, chaque culture différente a des influences particulières sur le sol, tant par l'action de ses racines que par l'effet de sa végétation spéciale; elle pénètre, elle divise, elle élabore, elle absorbe, elle rejette, elle attire, elle repousse à sa façon et elle a ses insectes, son mode de culture et ses débris particuliers.

Les cultures céréales laissent longtemps la terre sans être remuée; ses pores se ferment, l'action nutritive de l'air s'y fait mal, elle se dessèche et elle se garnit de mauvaises herbes, dont la destruction nécessite une jachère.

Au contraire, par leurs tiges serrées et leur feuillage touffu, les cultures fourragères abritent le sol, lui conservent son humidité, empêchent son évaporation et étouffent les mauvaises herbes.

A leur tour, les plantes sarclées produisent un autre effet; elle laissent la terre plus à découvert, mais leur sarclage la cultive et l'ameublit; il détruit toutes les mauvaises herbes et les mauvaises graines, et fait l'effet d'une jachère sous ce rapport.

Tandis que la terre porte une culture sarclée, le sol, le sous-sol et l'atmosphère travaillent ensemble au profit de la plante; tandis qu'elle porte une culture céréale, elle travaille et s'épuise seule, mais tandis qu'elle porte une culture fourragère, elle se repose tout-à-fait.

L'utilité de la succession de ces trois natures de récoltes, sur une même terre et selon les circonstances, se saisit donc parfaitement à tous les points de vue, et nous donne la raison de cette remarque constante de l'expérience que, quelque soit d'ailleurs la bonne composition du sol, sa bonne culture et sa richesse en engrais, il ne peut porter plusieurs fois de suite, avec un égal succès, des récoltes de même genre; de là la nécessité d'un assolement approprié et bien entendu.

L'art de l'assolement consiste à faire succéder à une récolte épuisante, d'un principe organique ou inorganique, une autre récolte épuisant d'autres principes, ce qui établit la division des cultures sur le sol d'une manière successive, d'après sa composition, son état, la nature et le besoin de chaque genre de plantes cultivées. Cette division et cette succession donnent une suite d'action et de repos nécessaire, capable de rendre la terre infatigable et d'accroître constamment sa fertilité, sans affaiblir aucune de ses puissances, après une rotation régulière. Les règles de cette rotation feront donc l'objet de notre prochaine communication.

Rotation de l'assolement.

L'assolement, comme nous l'avons vu dans l'article précédent, ménage à la fois les éléments nutritifs du sol et ceux qui résultent des engrais. Le mieux établi est celui qui, dans une suite de récoltes diverses, enlevera au sol le plus de variétés d'éléments minéraux, et à la fumure, le moins de substances minérales, tout en prélevant le plus sur l'atmosphère, et en laissant davantage à la terre par le résidu des récoltes.

La rotation est la mise en pratique des principes de l'assolement ; elle s'entend du retour d'une nature de récolte, sur la terre cultivée, après le passage d'autres récoltes de natures différentes, à quelques années d'intervalle. Ce retour ne peut avoir de règles fixes ; il doit varier, au contraire, suivant la nature du sol, la qualité et l'abondance des engrais, suivant les rapports du climat, les besoins de la consommation et toutes les circonstances de l'exploitation.

Cependant, et en thèse générale, les plantes sarclées doivent ouvrir la rotation de tout assolement rationnel ; les plantes céréales doivent venir ensuite, et, après elles, les plantes fourragères.

La raison en est, comme nous l'avons dit, que, d'abord, les plantes sarclées cultivent la terre, la purgent des mauvaises herbes, ne l'épuisent point, et la préparent bien pour les plantes céréales, et que, comme cette deuxième récolte, procédant tout autrement sur le sol, après elle, la terre a besoin de se reposer et de se refaire, pour ainsi dire, en portant une culture fourragère.

Cette marche doit contrarier un peu les cultivateurs qui, à leur préjudice, ne font point de plantes sarclées, et ceux qui, à leur désavantage, ne font pas assez de prairies artificielles ; mais, en s'y conformant, ils ne peuvent que s'en bien trouver.

Nous ne disons pas que la rotation d'un assolement bien raisonné ne doit être que de trois ans ; au contraire, car, après la culture fourragère, une culture céréale peut parfaitement revenir, ce qui ferait déjà quatre ans pour le retour des plantes sarclées.

En effet, la fumure se donnant toujours à l'ouverture de la rotation, les plantes sarclées ne lui ont pris qu'un peu de ses principes fertilisants ; la récolte de blé elle-même ne l'a pas épuisée ; la culture fourragère, qui vient la troisième année, ajoute à ces principes, et, par conséquent, une deuxième culture céréale y trouve encore tous les éléments de bonne réussite.

Avant d'écrire cet article, nous avons recherché et comparé le résultat donné par plusieurs rotations différentes, et voici celle, toutes conditions particulières exceptées, qui nous a paru la plus avantageuse; elle a cinq années de durée.

La première année, plantes sarclées : colza, betteraves, pommes de terre, pavots, maïs, et autres plantes grasses et à potasse, sur une fumure équivalant à 10,000 kilog. de fumier de ferme, à l'état sec, par hectare;

Pour la deuxième année, culture de froment, avec semence de trèfle incarnat au printemps, et donnant un pâturage après la récolte de froment en automne;

La troisième année, récolte de deux coupes de trèfle, le regain de troisième coupe, enfoui en vert, comme engrais;

La quatrième année, culture de blé, et, sur son chaume rompu aussitôt après la récolte, une culture de navets, ou racines analogues;

Enfin, la cinquième année, avoine, ou toute autre culture de printemps, pour reprendre la rotation des plantes sarclées sur fumure à la sixième année.

On voit que, dans cet assolement, chaque nature de récolte s'y trouve parfaitement alternée, qu'il y a eu deux récoltes dérobées, une seule fumure soutenue, au milieu de la rotation, par un engrais vert et pris sur la récolte elle-même. Résultat, sept récoltes en cinq ans, peu de dépenses relativement, et terre reprise en bon état pour une nouvelle rotation!

Pour 10,000 kilog. de fumier sec, les cinq récoltes successives principales auront donné, sur une terre de consistance moyenne, mais en bon état, un produit de récoltes de 18,000 kilog. de substances desséchées; c'est donc un excédant de 8,000 kilog. pris ailleurs que dans l'engrais, c'est-à-dire prélevés dans le sol et principalement sur l'atmosphère. C'est là tout l'avantage; une partie de cet excédant peut revenir au sol sous forme de fumier, et assurer l'accroissement des récoltes pour l'avenir.

Cependant, sous le rapport de la masse des produits obtenus dans une rotation, l'assolement de six ans consécutifs serait préférable, s'il réussissait aussi bien partout.

Première année, fumure et récolte de plantes sarclées; deuxième année, froment; troisième année, trèfle et regain enfouis en vert; quatrième année, blés et navets dérobés sur chaume rompu, cinquième année, moyenne fumure pour ensemencement de pois ou de féverolles; enfin, sixième année, seigle, orge, lentilles ou hivernages.

Dans cette rotation, la quantité d'azote puisée dans l'air est de 18 k. pour toutes les récoltes, tandis qu'elle n'est que de 10 kilog. dans celle de cinq ans. La quantité de matières organiques, puisées ailleurs que dans les engrais, est plus forte d'un septième, et celle des substances minérales, plus forte d'un sixième; il est vrai qu'elle est aussi d'une année plus longue en durée.

C'est donc sur ces trois périodes de rotation, d'une durée de quatre à six ans, que l'agriculture doit chercher à régler ses assolements, car nous n'avons trouvé nulle part, dans des rotations plus courtes ou plus longues, des résultats aussi satisfaisants, et, nous devons le dire, le plus mauvais est celui de trois ans, comprenant une jachère fumée, froment la deuxième année, et une avoine la troisième.

La substance de ces deux uniques récoltes en trois ans présente toujours une diminution sensible, de ses matières organiques, sur celle fournie à la terre par les engrais, tandis que tous les assolements comprenant une culture sarclée et une ou plusieurs cultures fourragères, présentent toutes une très-notable augmentation de ces matières. Cette indication est plus que suffisante pour faire abandonner cette mauvaise rotation partout où elle se trouve encore, et à lui substituer l'une de celles que nous venons d'indiquer, comme beaucoup plus profitable.

Dans la réglementation d'un assolement, quel qu'il soit, il ne faut point perdre de vue qu'une nature de récolte qui, comme les céréales, prend peu dans l'air et enlève beaucoup d'éléments minéraux à la terre végétale, ne peut revenir, dans une rotation, qu'après une nature de récolte qui prend beaucoup dans l'atmosphère et peu relativement à la terre, comme les cultures fourragères. Il ne peut y avoir d'exception, dans ce cas, que pour les sols très-riches, les fortes fumures, aidées de temps en temps par des engrais spécialement réparateurs des éléments absorbés, ou bien pour les terres irriguées ou celles engraissées par le limon des rivières.

La meilleure rotation d'assolement ne peut se faire également sur toutes les terres; les divisions doivent varier ainsi que le genre de récoltes, comme nous l'avons dit, suivant la nature et l'état du sol. Nous ne disons pas que la première année il ne faille faire que des plantes sarclées sur toutes les terres à la fois, la deuxième tout froment, etc.; nous disons, au contraire, qu'il faut diviser le terrain en exploitation, de manière à pouvoir récolter de tout chaque année; que, dans cette division, il faut comprendre les luzernes et les sainfoins qui, par leur durée, rompent la régularité de l'assolement là où ils passent; nous disons que, sur certains sols, il faut quelquefois ouvrir une jachère, savoir ménager un disponible pour le transport des fumiers, et se créer, sur d'autres, quelques pâturages et fourrages verts. Ces divers aperçus feront l'objet de notre prochain article.

Assolement alterne et extensif.

Nous devons terminer nos considérations théoriques et pratiques de l'assolement des terres, par quelques considérations particulières qui doivent les compléter à ce dernier point de vue seulement.

Les principes de l'assolement font succéder une culture d'une espèce de récoltes à une culture d'une espèce opposée; c'est ce qui constitue l'assolement dit alterne, et c'est de ces principes mêmes que découle la rotation de l'assolement que nous avons exposé dans notre article précédent.

Maintenant, dans l'application, nous nous trouvons en face de deux méthodes: la culture intensive et la culture extensive.

La première est un assolement alterne, uniforme sur toutes les terres d'un domaine exploité, quelle que soit d'ailleurs leur composition, leur état et leur aptitude. En tête de rotation, chacune d'elle reçoit la même dose d'engrais et, pendant son cours, la même culture et la même suite de récoltes. C'est l'application du principe dans ce qu'il a de plus absolu, et cet agissement est une faute, car, il est évident qu'une terre pauvre, avec le même travail et le même fumier, ne peut porter, avec le même profit, la même récolte qu'une terrre riche.

La culture extensive écarte cette exagération · elle temporise pour amener, par une suite d'améliorations successives, les sols médiocres à un état plus parfait, tout en concentrant ses ressources sur les sols les meilleurs, afin de porter leur rendement au plus haut degré possible. Ce mode de culture est le plus économique et le seul vraiment rationnel pour la direction de l'assolement.

Si toutes les terres d'un domaine étaient dans un bon état de composition minérale, d'entretien, cultural et d'engrais, avec un capital suffisant d'exploitation, ce que nous allons écrire serait inutile, mais il n'en est pas partout ainsi : à coté de terrres en bon état, il y en a d'autres qui ne le sont pas et qui, par conséquent, demandent à être soumises à un régime différent.

Il y a, sur beaucoup d'exploitations, de bonnes terres, des terres médiocres et des terres pauvres ; les premières pouvant porter toutes les cultures avec avantage et être soumises au régime de l'assolement intensif, avec culture industrielle en tête de rotation ; les secondes, trop faibles pour porter cette culture, doivent ouvrir l'assolement qui leur convient par une culture céréale. Les autres doivent former des jachères mortes, des paturages à moutons et quelques récoltes de seigles et d'avoines de temps à autre, jusqu'à ce que leur fond soit amélioré et que l'abondance croissante des engrais permette de leur demander davantage.

Dans les terres tout-à-fait pauvres et qu'il serait impossible de mettre en pâturage, on les prépare de longue main à la culture par des plantations d'essences résineuses ou forestières. Ces plantations cultivent la terre par l'effet de leurs racines et lui laissent un engrais naturel par les débris accumulés de leurs feuilles et de tous leurs détruits.

Dans les terres impropres au labourages, mais qui peuvent cependant se gazonner, on fait d'abord des pacages pour le bétail, puis, par l'effet du gazonnement et, à l'aide de quelques légères fumures, on leur fait porter une céréale pour les remettre en paturages, et au bout de quelques temps, sans trop de dépenses ni de travail, elles peuvent se trouver en état de porter une emblavure de sainfoin ou de luzerne, suivant la nature de leur sol, et d'entrer à la suite dans l'assolement propre aux terres médiocres.

La rotation d'assolement d'une terre sortie de la période fourragère, soit par suite d'amendement, d'engrais ou d'amélioration graduelle, comme nous venons de le dire, peut se régler de cette façon : première année, blé sur fumure ; seconde année, trèfle ; troisième année, avoine ou orge de printemps; quatrième année, jachère verte si le sol est en bon état, et jachère cultivée s'il a besoin d'être nettoyé.

Par ce moyen, on peut tirer parti des mauvaises terres, les améliorer avec un petit capital et sans distraire rien de ce qui est nécessaire à l'entretien des bonnes terres. La progression se comprend; par les cultures fourragères, une terre médiocre est conduite à une culture céréale; celle-ci, par le labourage et la fumure qu'elle reçoit, l'amène à une culture de plantes sarclées de telle sorte, qu'au bout d'un certain temps, d'amélioration en amélioration, l'assolement se généralise et, d'extensif qu'il était, devient intensif; c'est là le but à atteindre et la marche à suivre.

Tout se résumerait donc à ceci : donner à chaque espèce de terrain une culture améliorante dans l'assolement qui lui est propre et, par des espèces végétales en rapport avec les éléments constitutifs du sol et la quantité d'engrais dont on peut disposer. Et, comme en définitif, on ne doit cultiver que pour obtenir un bon produit net de sa culture, on doit tout d'abord concentrer son travail, son capital d'exploitation et ses ressources en engrais, sur les terres de bon rapport, pour se ménager les moyens graduels d'améliorer les terres médiocres, puis ensuite les mauvaises.

C'est par le développement des cultures fourragères qu'on obtient le fumier en quantité croissante; obtenu, c'est à l'emploi du meilleur rapport qu'il faut viser. Employé sur une terre pauvre ou en mauvais état, il donnera *un* de produit; employé sur une terre médiocre, il donnera *deux*; mais employé à quantité égale sur une bonne terre bien cultivée il donnera *trois* ou *quatre*. De sorte que, pour obtenir une même somme de produit, d'une mauvaise terre que d'une bonne il faudra cultiver trois hectares pour un, et dépenser trois fois plus d'engrais et de travail pour ne recueillir encore que des qualités inférieures. Ceci explique comment il y a des cultures en perte et d'autres en bénéfice.

En réglant ses assolements, en cultivant et en distribuant ses engrais au sol, il ne faut pas oublier que le produit d'une exploitation ne s'augmente que par l'amélioration du sol et les engrais. Un assolement alterne qui dans une rotation de cinq ans donnerait trois récoltes de céréales contre une de racines et une de fourrages, serait trop épuisant et ne pourrait se maintenir qu'avec perte; mais cependant dans les années où les grains sont de vente avantageuse et exceptionnellement on pourrait suivre les indicateurs du marché pour conduire ses assolements, car, en fin de compte, la raison de l'agriculture est de faire face aux besoins de la consommation, et son intérêt de profiter de la demande des denrées qu'elle produit.

Ainsi, en principe général, culture alterne et assolement intensif et extensif, suivant l'état du sol, et culture fourragère pour augmenter la somme des engrais. Avec le produit de ses récoltes et du bétail de l'exploitation, un bon assolement doit se soutenir par lui-même et arriver à donner tout le fumier nécessaire au maximum de récolte possible sur toutes les terres, c'est-à-dire, vingt hectolitres de blé par hectare sur les terres médiocres, et vingt-cinq à trente sur les bonnes.

En dehors de ces principes généraux, l'assolement n'a d'autres règles particulières que les conditions du climat de la nature du sol, des débouchés et des moyens du cultivateur. Les productions agricoles du midi de la France sont différentes de celles du nord, et les demandes du marché ne sont pas les mêmes partout; par conséquent, les cultures doivent varier suivant les circonstances. Mais ce qui est de nécessité, partout, c'est un assolement améliorant qui donne assez de fourrages pour accroître les engrais, qui facilite le nettoyage des terres cultivées, qui donne place pour la conduite des fumiers et pour l'emploi des attelages en toute saison, qui fasse prospérer les récoltes en portant le produit de leur rendement au plus haut point possible, car les fortes récoltes enrichissent l'agriculteur tandis que les petites l'épuisent toujours. Les principes et les règles que nous avons rapportés ne tendent qu'à éviter cet inconvénient et à procurer l'avantage des bonnes récoltes par les moyens les plus rationnels et les moins dispendieux : l'intérêt des cultivateurs est de les suivre dans l'application.

La science agricole est un capital aussi nécessaire à l'agriculture que le capital même d'exploitation ; que le cultivateur ne la dédaigne donc pas. Nous finissons par l'assolement la série d'articles que nous avions promis sur les éléments d'agriculture théorique et pratique. Pour les écrire, nous avons puisé aux sources les plus recommandables de la science agricole, et nous espérons que ce n'aura pas été en pure perte pour nos lecteurs. Ce que nous avons dit est la base des connaissances agricoles et peut servir d'introduction aux éléments plus avancés de cette science importante dans l'étude et dans la pratique : c'est pourquoi l'administration de ce journal a décidé que nos articles seraient réunis en un volume facile à consulter, et offert en prime à nos abonnés nouveaux. Les choses utiles à l'agriculture ne peuvent jamais être trop répandues.

L. C. Debail.

Imprimerie de A GUYOT et SCRIBE, rue Neuve-des-Mathurins, 18.

TABLE DES MATIÈRES.

Imprimerie de A. GUYOT et SCRIBE, rue Neuve-des-Mathurins, 18.

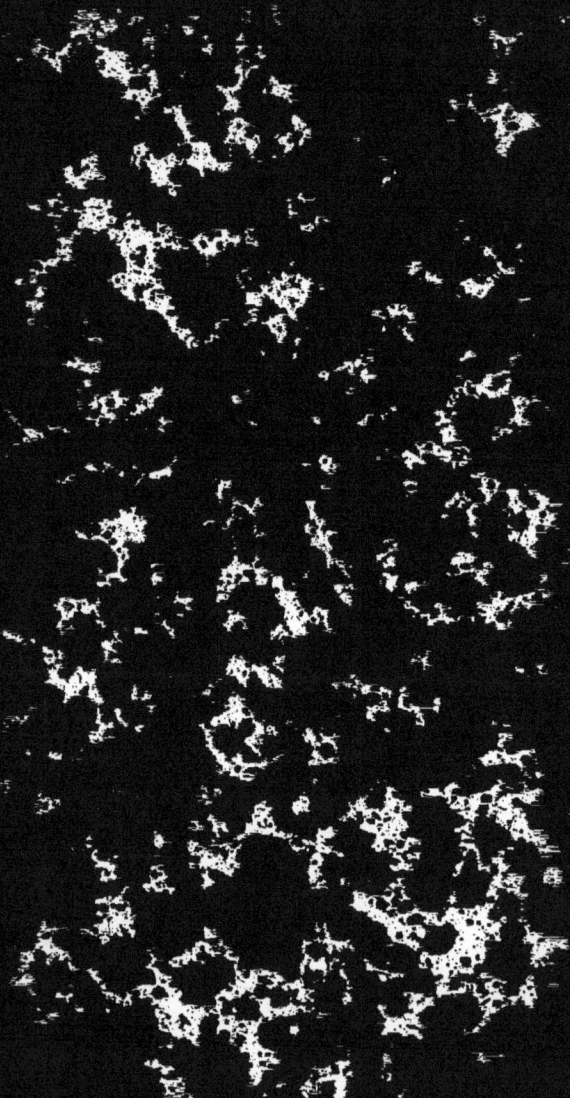